21世纪高等学校计算机规划教材

21st Century University Planned Textbooks of Computer Science

C语言程序设计实践教程

C Language Programming Practice Tutorial

王电化 王忠友 主编

鲁屹华 杨胜 副主编

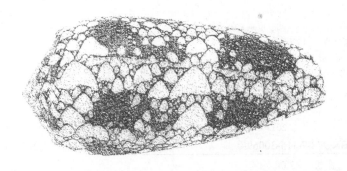

高校系列

人民邮电出版社

北 京

图书在版编目（ＣＩＰ）数据

C语言程序设计实践教程 / 王电化，王忠友主编. --
北京：人民邮电出版社，2013.3
21世纪高等学校计算机规划教材. 高校系列
ISBN 978-7-115-30069-0

Ⅰ. ①C… Ⅱ. ①王… ②王… Ⅲ. ①
C语言－程序设计－高等学校－教材 Ⅳ. ①TP312

中国版本图书馆CIP数据核字(2013)第025270号

内 容 提 要

本书是《C 语言程序设计项目教程》一书的配套教学参考书。书中详细介绍了 Visual C++6.0 的开发
环境，并设计了覆盖《C 语言程序设计项目教程》所有知识点的基础实验，按照软件工程学方法设计了一
个覆盖本书主要章节的综合实训项目；本书还详细地解答了《C 语言程序设计项目教程》一书中设计的习
题，最后列出了全国计算机等级考试 C 语言考试大纲和 2012 年全国计算机等级考试 C 语言试题及答案。

本书中所有的实验代码在 Visual C++6.0 中测试通过，习题大多数来自历年的全国计算机等级考试试
卷和一些大公司 C 语言测试试卷，实验及题目都是精心设计和安排的。

本书是学习 C 语言和上机实验的必备参考书，可以作为高等院校计算机应用的 C 语言程序设计实验
教学用书，也可以作为备考全国计算机等级考试二级 C 语言的参考书。

21 世纪高等学校计算机规划教材——高校系列
C 语言程序设计实践教程

◆ 主　　编　王电化　王忠友
　　副 主 编　鲁屹华　杨　胜
　　责任编辑　韩旭光

◆ 人民邮电出版社出版发行　　北京市崇文区夕照寺街 14 号
　　邮编　100061　　电子邮件　315@ptpress.com.cn
　　网址　http://www.ptpress.com.cn
　　北京铭成印刷有限公司印刷

◆ 开本：787×1092　1/16
　　印张：15　　　　　　　　　　2013 年 3 月第 1 版
　　字数：398 千字　　　　　　　2013 年 3 月北京第 1 次印刷

ISBN 978-7-115-30069-0
定价：32.00 元
读者服务热线：(010)67132746　印装质量热线：(010)67129223
反盗版热线：(010)67171154

前言

　　C 语言程序设计是一门实践性很强的课程，要想学好 C 语言就得通过大量的实践，在实践中发现问题、研究问题，并且解决问题，这样才能更好地理解 C 语言，并最终学会使用 C 语言。本书从 3 个方面组织教材帮助读者提高对 C 语言的进一步掌握和理解。首先，书中安排了大量的基础实训实验，这类实验基本覆盖了教材中 C 语言知识点，让读者通过实验的引导理解 C 语言知识的一些细节；其次，安排了贯穿本书的一个综合实训项目，该综合实训项目的目的是为了让读者明白所学的知识在真实项目中大致能做的事是什么，同时也可以进一步提高读者分析和解决问题的能力；最后，本书对《C 语言程序设计项目教程》书中的所有的习题都给出了答案，并对大部分题目做了分析，给出解题思路，以便读者进一步掌握各知识点，并提高分析问题和解决问题的能力。

　　本书是《C 语言程序设计项目教程》配套用教材，内容包括五部分：第一部分，C 语言上机环境和基本操作方法介绍，主要为第 1 章，介绍 Visual C++集成开发环境和基本的使用方法，并且介绍了在 Visual C++上编辑、编译、调试 C 语言程序的基本步骤和方法；第二部分，C 语言上机实验，包括 11 个实验项目，每个实验大体上又分基础实训项目和综合实训项目，基础实训项目目的是帮助读者解决对应的知识点，综合实训项目是从《学生成绩管理系统》中分离出来的子项目，目的是帮助读者了解所学知识点能处理哪些实际问题，进一步提高分析问题和解决问题能力；第三部分，习题和参考解答，习题来自于《C 语言程序设计项目教程》一书，本书中对所有的习题都给出了解答，对部分习题还给出了提示，帮助读者找到正确的解题方法；第四部分，全国计算机等级考试大纲和全国计算机等级考试真题一套。学习完本书之后，读者可以利用真题考查自己 C 语言学习的程度；第五部分，学生成绩管理系统的源代码，阅读源码、研究源码可以快速提高 C 语言程序设计能力。

　　本书由王电化、王忠友、鲁屹华、杨胜编写。本书第 1 章，第 2 章 2.1 节~2.3 节，第 3 章 3.1 节~3.3 节、3.12 节~3.13 节、附录Ⅰ由王电化编写；第 2 章 2.4 节~2.6 节、第 3 章 3.4 节~3.6 节、附录Ⅱ由王忠友编写；第 2 章 2.7 节~2.9 节、第 3 章 3.7 节~3.9 节由鲁屹华编写；第 2 章 2.10 节~2.11 节、第 3 章 3.10 节~3.11 节由杨胜编写；本书实验部分的综合实训项目由王电化、王忠友和鲁屹华共同设计并完成附录Ⅲ的代码编写工作，本书最后由王电化统稿。

　　由于时间紧迫，以及编者水平有限，书中难免有错误或者不妥之处，恳请广大读者批评指正。

编　者

2012 年 12 月

目录

第1章
Visual C++6.0 集成开发环境

1.1　Visual C++6.0 概述

　　Visual C++6.0 集成开发环境是美国 Microsoft 软件公司推出的目前应用极为广泛的可视化软件开发环境。自 1993 年 Microsoft 开发出 Visual C++1.0 版本以来，随着 Microsoft 不断地对该工具的改进和优化，到 Visual C++6.0 以后，因其功能强大、灵活性好、完全可扩展性，以及强有力的 Internet 支持，从众多的 C++开发环境中脱颖而出，成为目前最为流行的、应用广泛的 C++语言集成开发环境之一。

　　虽然 Microsoft 后面开发出 Visual C++.net（又可称为 Visual C++7.0），但是该集成开发环境只能用于 Windows 2000 以上的操作系统中，在配置较低的 Windows 98 等操作系统上不能运行。

　　Visual C++6.0 是一个集成开发环境，不是一个简单的源码编写、编译的软件系统。Visual C++6.0 主要由 3 个部分组成。

　　（1）Developer Studio

　　这是 Visual C++6.0 的外壳，是我们编写和运行各种菜单功能的框架，它主要给我们开发软件时提供一个编辑器环境和一些 Wizard（向导）功能，源码调试、编译、链接成目标代码是由 Platfrom SDK 提供的。

　　（2）MFC

　　由 Microsoft 提供的一个强大的 Windows 文档视图软件类库。当我们开发 Windows 窗口应用程序时，借助该类库可以大大地提高我们的开发速度。

　　（3）Platform SDK

　　这部分才是 Visual C++6.0 的核心，所有的编译、链接和调试程序是由这部分提供。同时还提供汇编模块、大量的帮助文档和一些辅助工具。

　　本书是面向 C 语言的实验教程，由于 C 语言是过程化语言，所以在使用 Visual C++6.0 时，不会用到 MFC。

1.2　Visual C++6.0 的安装和卸载

　　软件安装对硬件环境和操作系统环境都有一定要求，要想将 Visual C++6.0 安装成功，对系统的最低要求是，硬件环境为 Pentium 处理器，32M 内存和至少 200M 的硬盘空间，计算机要配置光驱，显示器的最低分辨率为 800×600，软件环境要求是 Windows 95 以上的操作系统。

安装过程如下。

（1）将 Visual C++6.0 安装光盘插入光驱，打开安装向导出现如图 1.1 所示界面。

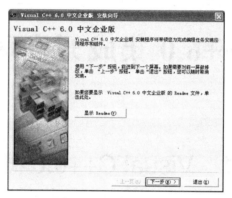

图 1.1 "安装向导"界面

（2）单击"下一步"按钮，出现如图 1.2 所示对话框。

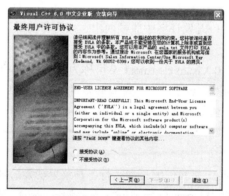

图 1.2 "最终用户许可协议"对话框

（3）选择"接受协议"单选按钮，然后单击"下一步"按钮，系统提示输入序列号、用户名称和所在单位名称，单击"下一步"按钮，出现如图 1.3 所示对话框。

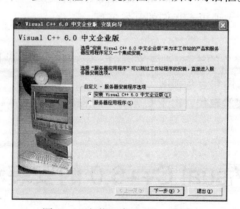

图 1.3 "安装程序选项"对话框

（4）选择"安装 Visual C++6.0 中文企业版"然后单击"下一步"按钮，出现如图 1.4 所示对话框。

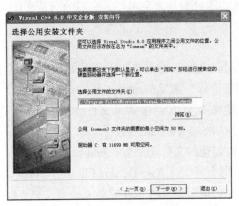

图 1.4　"选用公用安装文件夹"对话框

（5）按提示选好公用文件的文件夹后，点击"下一步"按钮，在后续的对话框中直接选择"确定"按钮即可，然后就出现文件移动动画对话框，当动画对话框到 100%后就出现安装 msdn，由于我们是在其上编写 C 语言程序，这个安装不用理会，直接点击"下一步"按钮或"确定"按钮，到最后点击"完成"按钮则表示 Visual C++安装完成。

（6）在桌面上"开始"菜单中选择"程序"然后选择"Microsoft Visual C++6.0"，出现如图 1.5 所示窗口则表示安装成功。

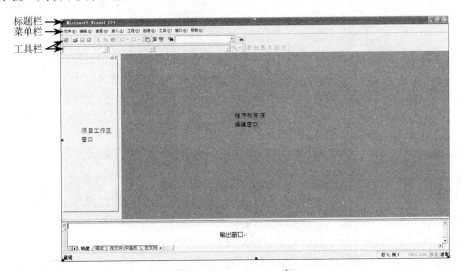

图 1.5　Visual C++6.0 窗口

1.3　Visual C++6.0 的功能介绍

在使用 Visual C++6.0 时，大部分功能是通过菜单栏和工具栏按钮完成的，下面对 Visual C++6.0 菜单栏和工具栏按钮做一简介。

1.3.1 Visual C++6.0 的菜单栏

Visual C++6.0 的菜单按功能分为几大菜单栏，它们分别是文件、编辑、查看、插入、工程、组建、工具、窗口和帮助。

1. 文件（File）

这个菜单栏是专门负责对源文件、资源文件和工程文件管理的菜单，主要完成文件的创建、保存、打开、关闭以及打印等工作。常见的命令如下。

（1）新建（New）。 新建命令可以创建菜单文件（Files）、工程项目（Projects）、工作区（Workspaces）和其他文档（Other documents）。

其中，文件选项卡中可以创建的文件类型为：Active Server Page（asp 文件）、Binary File（二进制文件）、Bitmap File（位图文件）、C/C++Header File（C/C++头文件）、C++Source File（C++源文件，在 Visual C++6.0 中，C 语言源文件也同时是 C++源文件，C++语法兼容 C 语法）、Cursor File（光标文件）、HTML Page（HTML 文件）、Icon File（图标文件）、Macro File（宏文件）、SQL Script File（SQL 脚本文件）、Resource Script（资源脚本文件）、Resource Template（资源模板文件）、Text File（文本文件）等，如图 1.6 所示。

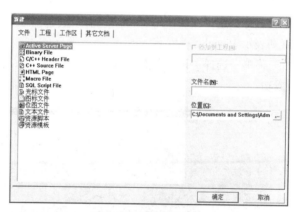

图 1.6 新建文件选项卡

工程项目选项卡可以创建的项目类型为：ATL COM AppWizard（ATL 应用程序向导）、Cluster Resource Type Wizard（簇资源类型向导）、Custom AppWizard（自定义应用程序向导）、Database Project（数据库项目）、DevStudio Add-in Wizard（集成工作室插件向导）、Extended Stored Proc Wizard（基于 SQL 服务器的扩展存储进程向导）、ISAPI Extension Wizard（ISAPI 服务器扩展动态链接库向导）、Makefile（旧版 C/C++生成文件）、MFC ActiveX ControlWizard（ActiveX 控件程序向导）、MFC AppWizard(dll)（MFC 动态链接库）、MFC AppWizard(exe)（MFC 可执行程序）、New Database Wizard（SQL 服务器数据库向导）、Utility Project（公共服务基础项目）、Win32 Application（Win32 应用程序）、Win32 Console Application（Win32 控制台应用程序，C 语言编写应用程序基本上都是控制台应用程序，因此我们建立新的 C 语言工程时都是选择这个项目类型）、Win32 Dynamic-Link Library（Win32 动态链接库）、Win32 Static Library（Win32 静态库），如图 1.7 所示。

工作区选项卡可以建立各种类型的工作区，其他文档选项卡可以创建各种 Office 文件。

图 1.7　新建工程选项卡

（2）打开（Open）。选择打开命令可以打开已经保存的文件。可以打开的文件类型有 C++文件、Web 文件、宏文件、资源文件、定义文件、图像文件、工作区文件和项目文件等。具体的在打开对话框中文件类型选择框中可以查看。

（3）关闭（Close）。关闭活动窗口中打开的文件。

（4）打开工作区（Open Workspace）。打开工作区管理的各种文件。

（5）保存工作区（Save Workspace）。保存工作区管理的各种文件的修改。

（6）关闭工作区（Close Workspace）。将会关闭当前工作区管理的各种文件。

（7）保存文件（Save）。保存当前正在编辑的文件，如果保存的文件是第一次编辑，则会打开另存为对话框。

（8）另存为文件（Save As）。将当前文件保存为另一个文件，原来的文件不会删除，也不做任何修改，新修改的内容只会保存到新文件中。

（9）保存所有文件（Save All）。将所有打开的文件都保存，如果有文件是第一次保存，则会打开另存为对话框。

（10）页面设置（Page Setup）。该命令可以设置打印页面的格式，如页面的上下左右边距和页眉页脚等内容。

（11）最近打开的文件列表（Recent Files）。这里显示上次关闭 Visual C++集成开发环境前所打开的文件。该列表只显示最近打开的 4 个文件。

（12）最近打开的工作区列表（Recent Workspace）。这里显示上次关闭 Visual C++集成开发环境前所有打开的工作区。该列表只显示最近打开的 4 个工作区列表。

2．编辑（Edit）

撤销（Undo）：撤销最后一次的操作。

重做（Redo）：重做最后一次撤销的操作。

剪切（Cut）：将选中的内容删除，并在内存的剪贴板中复制一份。

复制（Copy）：将选中的内容复制一份到剪贴板中，选中的内容不删除。

粘贴（Paste）：将剪贴板中的内容复制到编辑区中光标所在处，如果剪贴板中没有内容，则该按钮是灰色的。

删除（Delete）：删除选中内容。

全选（Select All）：选择所有内容。

查找（Find）：在当前文件中查找指定内容。查找是一个很重要的功能，在这里对查找对话框做一个介绍。对话框如图 1.8 所示，Find what 中输入的是要查找的内容，Direction 是查找的方向，Up 是指从下向上查找，Down 是指从上向下找。

Match whole word only：只匹配整个单词。

Match case：区分大小写匹配。

Regular expression：按照正则表达式规则匹配文本。

Search all open documents：在所有打开的文档中查找。

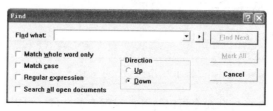

图 1.8　Find 对话窗口

Regular expression：按照正则表达式匹配文本，是指用特殊的字符序列去匹配文本字符串的模式，通常称这些特殊字符为通配符，表 1.1 列出了部分常用通配符及其含义。

表 1.1　　　　　　　　　　　　Find what 对话框中正则式常用的通配符

通　配　符	含　义
.	匹配任何单个字符包括空格。例如，正则表达式 "r.t" 匹配这些字符串："rat"、"rut"、"r t"，但是不匹配 "root"
$	匹配行结束符。例如，正则表达式 "weasel$" 能够匹配字符串 "He's a weasel"，但是不能匹配字符串 "They are a bunch of weasels"
^	匹配一行的开始。例如，正则表达式 "^When in" 能够匹配字符串 "When in the course of human events"，但是不能匹配 "What and When in the"
*	匹配 0 个或多个正好在它之前的那个字符。例如，正则表达式 "*"，意味着能够匹配任意数量的字符串
\	这是引用符，用来将通配符当作普通的字符来进行匹配。例如，正则表达式 "\$" 被用来匹配美元符号，而不是行尾，类似的正则表达式 "\." 用来匹配点字符，而不是任何字符的通配符
[ ] [c1-c2] [^c1-c2]	匹配括号中的任何一个字符。例如，正则表达式 "r[aou]t" 匹配 "rat"、"rot" 和 "rut"，但是不匹配 "ret"。可以在括号中使用连字符 "-" 来指定字符的区间，例如，正则表达式 "[0-9]" 可以匹配任何数字字符；还可以指定多个区间；例如，正则表达式 "[A-Za-z]" 可以匹配任何大小写字母。另一个重要的用法是 "排除"，要想匹配除了指定区间之外的字符，也就是所谓的补集，可以在左边的括号和第一个字符之间使用 "^" 字符，例如，正则表达式 "[^269A-Z]" 将匹配除了 2、6、9 和所有大写字母之外的任何字符
\(\)	将 "\(" 和 "\)" 之间的表达式定义为 "组"（group），并且将匹配这个表达式的字符保存到一个临时区域（一个正则表达式中最多可以保存 9 个），它们可以用 "\1" ~ "\9" 的符号来引用
+	匹配 1 或多个正好在它之前的那个字符。例如，正则表达式 "9+" 匹配 "9"、"99"、"999" 等。注意：这个元字符并不是所有的软件都支持的

Find in files：在给定目录、给定类型的所有文件中查找指定的内容。

Replace：在指定的文件中替换查找到的内容。

Go to：光标移到指定的位置。

Breakpoints：在指定的位置设置断点。

3．查看菜单（View）

查看菜单用来设置和改变窗口和工具栏的工作方式，可以设置窗口按全屏显示，打开工作区窗口，打开信息输出窗口和各种调试窗口等。

4．插入菜单（Insert）

插入菜单主要用于项目及资源的创建和添加，可以将文本插入文件中，也可以插入一个新的 ATL 对象，主要功能如下：

New class：插入新类；

New Form：新建窗体；

Resource：新建资源；

Resource copy：对选定的资源备份；

File As Text：插入文本；

New ATL Object：插入新的 ATL 对象。

本菜单在学习 C++面向对象开发用得较多，对于 C 语言程序设计，基本上不怎么用。

5．项目菜单（Project）

管理项目和工作区，所谓项目是指一些彼此相关联的源文件，经过编译、链接后产生为一个可执行文件的 Windows 程序或者是动态链接库函数。该菜单可以把选定的项目指定为工作区中的活动项目，可以把一些文件、文件夹、数据链接以及可再用部件添加到项目中，也可以编辑或修改项目间的依赖关系。

6．编译菜单（Build）

编译菜单包括用于编译、建立和执行应用程序的命令。主要的命令介绍以下。

Compile：编译源文件，在编译的时候能判断源程序的语法错误。在编译过程中出现的语法错误或警告会在信息输出窗口显示。可以向前或者向后浏览错误信息，通过点击<F4>键会在源文件中显示错误的相关代码行。

Build：构建项目中的所有文件。如果在构建项目过程中出现了错误或者警告信息都会在信息输出窗口显示。如果文件没有编译过，菜单先编译文件，然后构建生成可执行文件或动态链接库。所谓构建是指把编译的二进制文件、程序中引用的库函数或其他用户自定义的函数库函数链接在一起形成可执行文件或新的动态链接函数库。

Rebuild all：重新构建所有的源文件。

Batch build：批构建文件，可以指定构建 Release 版，或者 Debug 版的，或者两者都构建。Release 版本是软件的发布版本，没有调试信息，最终生成的可执行文件或动态链接库是优化过的，代码长度一般较小；Debug 版本是调试版本，编译的二进制可执行文件或动态链接函数库代码中含有调试信息，代码没有优化，长度比较长。

Clean：清除构建的文件。

Start debug：该菜单项下有几个子菜单，都是用于调试，分别如下。

Go：执行程序。

Step into：单步调试，碰到函数调用，则进入函数体。

Run to cursor：执行到光标处。

Step over：单步调试时，碰到函数调用，跳过函数体。

Step out：该命令和 Step into 配合使用。如果使用 Step into 在调试某一函数体时，发现该函数体不需要调试，可以使用 Step out 退出来。

Profile：该命令是用于检查程序运行行为的强有力的工具。它不是为了检查程序的错误，而是为了使程序更好地运行。

7. Tools 菜单

用于选择或定制开发环境中的一些实用工具、打开一些调试窗口、改变窗口的显示模式等。

1.3.2　Visual C++工具栏

工具栏是一系列的命令组合，他们以图形的方式显示在屏幕上，是一种直观快捷的方式。使用 Visual C++6.0 系统提供的操作命令，熟悉工具栏按钮，可以提高使用 Visual C++6.0 的开发效率。下面就对一些常用的工具栏做介绍。

1. 标准工具栏（Standard）

标准工具栏如图 1.9 所示，其按钮说明如表 1.2 所示。

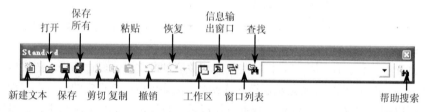

图 1.9　Visual C++6.0 的工具栏

表 1.2　　　　　　　　　　　　　　标准工具栏按钮说明

按钮命令	含　义
新建文件	新建一个文本文件
打开	打开已经存在的文件
保存	保存当前活动文件
保存所有	保存所有打开的文件
剪切	将选中的内容删除掉，并复制到剪贴板中
复制	将选中的内容复制到剪贴板中
粘贴	将剪贴板中的内容复制到指定的位置
撤销	撤销上次的操作，点击旁边的小三角，可以直接撤销已做过的指定步骤
恢复	恢复刚刚撤销的步骤，点击旁边的小三角，可以直接恢复指定的步骤
工作区	显示或隐藏工作区窗口
信息输出窗口	显示或隐藏信息输出窗口
窗口列表	显示已打开的窗口列表
查找	在文件中查找指定的内容
帮助搜索	在当前文件中查找指定的字符串

2. 向导工具栏

向导工具栏如图 1.10 所示，其按钮说明见表 1.3。

图 1.10　向导工具栏

表 1.3　　　　　　　　　　　　　　向导工具栏按钮说明

按 钮 命 令	功 能 描 述
类	显示当前编辑的类。通过此下拉列表可以迅速的定位到指定的类
过滤器	显示正在操作的资源标示
成员函数	显示当前正在操作的成员函数名，和前两个配合，可以快速的定位到指定的函数中
功能按钮	帮助快速找到当前编译的代码的相关位置，如果当前编辑的是成员函数，通过此按钮可以快速的定位到类的定义处或成员函数的声明处

3. 小型构建工具栏

小型构建工具栏如图 1.11 所示，其按钮说明如表 1.4 所示。

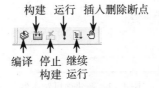

图 1.11　小型构建工具栏

表 1.4　　　　　　　　　　　　小型构建工具栏按钮说明

按 钮 命 令	含 义
编译	编译 C 或 C++源文件
构建	从项目中构建出应用程序的 exe 文件
停止构建	在构建过程中按该按钮可以停止构建项目
运行	执行应用程序，如果程序没有构建，则先构建程序，再执行
继续运行	单步执行
插入删除断点	插入或删除断点

1.4　Visual C++6.0 编写 C 语言程序过程

　　编写 C 语言程序的第一步是建立 C 语言源程序。在以往的 Turbo C 环境下，C 源程序的扩展名是.c，而在 Visual C++6.0 环境下建立的 C 源程序扩展名默认是.cpp，Visual C++6.0 也能识别.c 的源文件。不论是.c 文件还是.cpp 文件，他们都是字符文件，所以建立源程序的方法就有很多了，可以使用任何编写字符文件的工具，比如常用的记事本就可以用来编写 C 语言源程序，只是文件在保存时，一定要将扩展名改为.c 或.cpp 而不是.txt。

也可以用记事本帮助编写 C 语言源程序,然后在 Visual C++6.0 环境下面编译链接。但是 Visual C++6.0 提供了更好的编写 C 语言源程序的环境。AppWizard 能帮助用户迅速地生成应用程序框架,如 Windows 应用程序、控制台应用程序等。在本书中编写的程序都是控制台类程序,所谓控制台类程序是指运行在 DOS 环境下的程序,这类程序一般没有很好的用户界面。

下面介绍利用 Visual C++6.0 建立一个简单的 C 语言源程序步骤。本程序就是在控制台输出一个"hello world!"。

1.4.1　编写 C 语言源码程序

准备工作:先在 d 盘的根目录下面建立一个名为"MyProject"的文件夹。

(1)打开 Visual C++6.0,选择"文件"(File)菜单,在其中选择"新建"(New)子菜单项。

(2)在新建对话框中选择"项目"(Project)属性卡。在该属性页选择"Win32 Console Application",如图 1.12 所示。

图 1.12　新建项目对话框

(3)在"Project name"文本框中输入控制台应用程序的工程文件名,如"helloworld"。在"Location"文本框中选择工程保存的路径,在这里选择刚刚建立的文件夹路径。如果是第一次使用,则在"Location"文本框中会出现默认的工程项目路径,可以点击"Location"文本框右边的 3 个小黑点的按钮,会出现工程路径选择对话框。在那里可以修改默认的工程路径,选择"d:\MyProject"。单击"OK"按钮。

(4)这时进入到"Win32 Console Application Step 1 of 1"对话框,如图 1.13 所示,选中"An empty project"项。

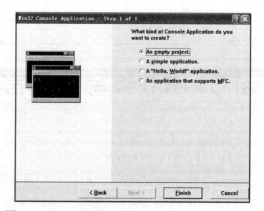

图 1.13　Win32 Console Application Step 1 of 1 对话框

（5）单击"Finish"按钮，系统将出现 AppWizard 的创建信息，直接单击"OK"按钮。系统会建立所要求的应用程序框架。

（6）如图 1.14 所示，在该窗口的项目工作区窗口中，可以看到"ClassView"和"FileView"两个属性标签。本书中使用的都是"FileView"属性标签。

（7）在"FileView"属性标签下，选中"Source Files"，然后在菜单"File"下选择"New"，出现如下"New"对话框，如图 1.15 所示。

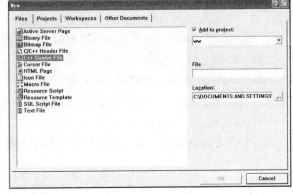

图 1.14　工作区对话框　　　　　　　　图 1.15　"New"对话框

在"Files"属性列中选择"C++ Source File"，在 File 文本框中输入"Helloworld.cpp"，在"Location"文本框中输入文件保存的位置，一般选择默认位置，不做修改，然后点击"OK"按钮。

（8）在"FileView"属性列中选择"Source Files"，打开"Helloworld.cpp"，在"Helloworld.cpp"文件中输入下列代码：

```
#include "stdio.h"
void main()
{
    printf("hello world!\n);
}
```

然后保存项目，这样，一个 C 语言源程序就编好了。

1.4.2　编译源程序，构建应用程序

按下<Ctrl+F7>键或者选择构建菜单中的编译（Compile）helloworld.cpp 命令，系统开始对 helloworld.cpp 进行编译。或者按下<F7>键或选择构建菜单中的构建（Build）helloworld.exe 命令，系统开始对 helloworld 进行编译、链接。在编译结束时会发现在信息输出窗口中出现如下信息：

```
--------------------Configuration: helloworld - Win32 Debug--------------------

Compiling…
Helloworld.cpp
D: \MYPROJECT\helloworld\helloworld.cpp(4) : error C2001: newline in constant
D: \MYPROJECT\helloworld\helloworld.cpp(5) : error C2143: syntax error : missing ')'
before '}'D: \MYPROJECT\helloworld\helloworld.cpp(5) : error C2143: syntax error : missing
';' before '}'Error executing cl.exe.

helloworld.obj - 3 error(s), 0 warning(s)
```

这些信息的含义如下。

（1）配置：helloworld-win32 debug。表示现在编译的配置构建输出结果是 Win32 debug 输出模式。配置应用程序构建输出的模式有两种，Debug 模式和 Release 模式，其中 Debug 模式是调试模式，Release 模式是发布模式，在 Debug 模式中代码并没有优化，最终代码行和源代码行具有一定的对应关系，而 Release 模式，最终代码经过了优化，产生的最终代码的长度、执行时间和空间都是最优的。在开始编程时，一般采用 Debug 模式生成目标代码，当测试项目无误，准备发布时就改为 Release 模式。

（2）编译开始，准备编译 helloworld.cpp。

（3）d：\myproject\helloworld.cpp 的第 4 行有错误，代号为 C2001：在常量中有新行，第 5 行有错误，错误代码 C4508：语法错误：在 "}" 前少了 ")"；

（4）编译 helloworld.obj 出现 3 个错误，0 个警告。

出现了错误，下面就改正错误。从错误出现的最开始行 4 行开始，检查代码，发现第 4 行为：printf("hello world!\n);这句，在这句的括号内少了一个 ' " '，加上这个引号，继续看代码，没有错误，改正代码后保存，再次编译。输出窗口中出现如下信息：

```
-------------------Configuration: helloworld - Win32 Debug-------------------
Compiling…
Helloworld.cpp
helloworld.obj - 0 error(s), 0 warning(s)
```

看最后一行 helloworld.obj-0 错误，0 警告。说明代码语法没有任何问题。

然后构建应用程序，点<F7>键或者在构建菜单中选择构建（Build）helloworld.exe 命令，信息输出窗口出现：

```
-------------------Configuration: helloworld - Win32 Debug-------------------
helloworld.exe - 0 error(s), 0 warning(s)
```

表示构建应用程序成功没有错误，没有警告。

按<Ctrl+F5>键运行程序出现如图 1.16 所示结果。

图 1.16　程序运行结果

表示程序输出的结果也符合要求，至此有关在 Visual C++6.0 下编写、编译、调试和链接 C 语言程序的基本步骤就结束了。

第2章
C 语言项目实战

2.1 概　　述

2.1.1　基础实训项目

【基础实验项目】熟悉 Visual C++实验环境，了解一般 C 语言程序框架。

【项目目的】

1．熟悉 Visual C++实验环境，了解 Visual C++文件管理、编辑、编译、链接和调试的基本技巧。

2．熟悉一般 C 语言程序框架，对头文件、函数头、函数体语法基本熟悉。

【预备知识】

复习 C 语言程序的一般结构，了解 Visual C++集成开发环境开发 C 语言的一般步骤。

【项目内容】

输入给定的程序，练习在 Visual C++6.0 环境下面编写、编译、调试、链接、运行程序的步骤。了解 C 程序的一般结构，同时熟悉下列命令及函数：include <stdio.h>，main，printf，scanf。

本实验指导中的程序是前后连贯的，所有的程序最好都保留，以便在任何情况下都可以查看和修改。在做实验前，最好在电脑某一硬盘分区下建立一个新目录，存储本课程的所有代码。

一、实验步骤

输入源程序并调试，方法如下。

1．打开 Visual C++6.0 集成开发环境。

2．建立新的 Win32 Console Application 的工程，工程名为 ch01。

3．打开 ch01.cpp 文件，修改为：

```c
#include "stdio.h"

void main(int argc,char* argv[])
{
  printf("This is my first program!\n");
}
```

输入完程序后，仔细检查每一句的输入是否有误，如果有错误，修改错误，直到确认没有错误之后，选择 Compile 菜单的 Build ch01.exe 菜单项，则直接执行编译和连接命令，也就是构建命令，直接生成 exe 的可执行程序，这一步可以使用快捷键<F7>来完成。在信息输出窗口如果出现如下信息：

```
ch01.exe - 0 error(s), 0 warning(s)
```

则构建成功。然后选择 Compile 菜单中的"Execute ch01.exe"命令，运行程序（这一步可以使用快捷键<Ctrl+F5>来完成）。此时在控制台窗口出现文字：

```
This is my first program!
press any key to continue
```

表示程序运行正确。

以上两步动作中可以省略第一步构建，直接选择第二步执行程序，在执行程序时，对于没有构建的项目，该命令可以先直接构建。当然如果已经构建了项目，现在重新修改了源代码，则必须先重新编译修改的文件，然后建立项目，最后选择可执行程序。

二、基本实验

项目一：理解 C 语言头文件的含义、理解 include 指令的格式含义

（1）到 Visual C++6.0 的安装路径下的 include 文件夹中查找"stdio.h"，看看能不能找到这个文件。复制一份这个文件并取名为"stdiobk.h"，用 Visual C++6.0 打开"stdio.h"文件，删除该文件里面的内容，构建一下 exec1.exe 看看信息输出窗口出现什么信息。将 stdio.h 文件删除，将 stdiobk.h 文件改名为 stdio.h，重新构建 ch01.exe。这时再看信息输出窗口，出现什么信息。

（2）修改 ch01.cpp 代码如下：

```
include "stdio.h"

void main(int argc,char* argv[])
{
    printf("This is my first program!\n");
}
```

重新编译，看看信息输出窗口出现什么信息。总结以上两步，能否说明 include 指令的含义，如何使用 include 指令，在使用时能不能删除 include 前面的"#"字符。

项目二：理解 C 语言中注释的含义和作用

修改 ch01.cpp 代码如下：

```
//#include "stdio.h"

void main(int argc,char* argv[])
{
    printf("This is my first program!\n");
}
```

然后执行编译，看看输出窗口的内容是什么？去掉"#include "stdio.h""前的"//"，再看看出现什么现象。总结一下 C 语言的注释符有哪些？如何使用。

项目三：理解 main，printf，scanf，int 等标示符的含义和作用，体会 C 语言的语法

（1）修改代码后如下：

```
#include "stdio.h"

void main(int argc,char* argv[])
```

```
{
    //printf("This is my first program!\n");
}
```

构建项目并执行程序，看看控制台输出窗口输出什么信息？ printf()函数是干什么用的？

将 main 函数的函数名改为 "man" 重新构建项目，看看出现什么现象。如果将 main 函数名改为 "Main" 看看又出现什么现象，将 int 关键字改为 "Int" 看看出现什么现象。C 语言中能不能没有 main 函数？ C 语言中字符的大小写是不是一样的含义？

（2）修改 ch01.cpp 代码如下：

```
#include "stdio.h"

void main(int argc,char* argv[])
{
    int a, b, c;
    printf("Please input two number!\n");
    scanf("%d%d", &a, &b);
    c=a+b;
    printf("a+b=%d\n", c);
}
```

编译、链接、执行程序，看看出现什么结果，能否明白 scanf 的含义？

项目四：了解 C 语言函数和函数调用的格式和意义

修改 ch01.cpp 代码如下：

```
#include "stdio.h"

void main(int argc,char* argv[])
{
    int a,b,c,d;
    printf("Please input two number!\n");
    scanf("%d%d",&a,&b);
    c=add(a,b);
    d=sub(a,b);
    printf("a+b=%d\n a-b=%d\n",c,d);
}
int add(int x,int y)
{
    return x+y;
}
int sub(int x,int y)
{
    return x-y;
}
```

执行结果，看看出现什么现象，能否明白 add、sub 的含义。将 "int a,b,c;" 放到 main 函数的上面，看看出现什么现象，如果将 "printf("Please input two number!\n");" 放到外面呢？又出现什么现象？

add、sub 是自定义函数。总结以上 4 个实验项目可以得出，C 语言是由函数组成的，在函数的外面可以放置变量定义语句，但是不能有执行语句。

总结：本次实验要求学生掌握 C 语言编程的一般步骤。掌握 C 语言的一般结构，对编译预处理中的头文件包含注释、main 函数、C 保留字、标准库函数 printf 和 scanf 的含义，要对用户自定义函数的格式和调用有一个简单的认识，也为后面进一步学习 C 语言打下基础。

三、自主练习项目

1. 在屏幕上打印 This is my frist program!字符串。
2. 仿照课本例子，分别编写 4 个实现 45+5，45-5，45×5，45÷5 的函数。

2.1.2 综合实训项目

不论是大型软件开发和小型软件开发都是一个将系统逻辑用编程语言表达的过程，软件开发前得先进行系统分析和系统逻辑结构设计。为了让大家能从宏观对 C 语言学习有一个认识，并进一步促进大家对 C 语言细节的掌握，本实验指导书中嵌入了一个用 C 语言开发的小型实用项目，该项目的实现全过程会在本书中体现。本书毕竟不是服务软件工程课程，所以完全按照软件工程方法学进行这个项目是不实际的，但是为了能体现软件开发活动的全过程，本书中会尽量遵从软件工程学方法。

软件项目开发的过程有两种，面向对象开发和面向过程开发。C 语言比较倾向于使用面向过程开发，并且由于本课程是 C 语言的基础课程，注重的还是语法和简单的解决问题训练，所以本书采用面向过程开发方式来完成本小项目的实施。

面向过程软件开发的一般过程如下。

1. 项目需求分析

项目需求分析的主要的任务是分析软件项目要完成哪些工作和为了完成这些工作应该有一些什么样的数据实体，服务于哪些用户和子系统，这些用户和子系统要求本项目能提供什么功能，软件项目还得遵循哪一些软件运行环境要求，为了遵行这些软件环境要求，系统得提供一些什么功能。项目需求分析结束，要求能列出系统要实现的全部功能，对有些复杂的功能可能还得列出有哪些子功能，列出软件项目中有哪些数据实体，这些数据实体之间有什么联系。

2. 软件项目设计

软件项目设计的主要的任务是根据前一步分析出的逻辑功能，设计出软件系统的开发框架，即体现在本书中就是设计出软件系统的代码文件结构、函数接口和函数调用关系，设计出前面罗列的数据实体的具体属性和属性数据类型，并为这些数据实体完成一些基本操作功能。本部分结束会留下软件项目的架构图、文件结构图、数据实体的数据结构、函数规格说明和函数调用关系图。

3. 软件项目的实现

软件项目实现的主要任务是根据第 2 步设计的结果完成编码从而实现的。

4. 调试和运行

调试和运行的主要任务是测试软件代码，从语法和逻辑功能上是否完成需求分析的要求，测试的方法是两步，先进行每一个单独函数的测试，然后是对整个系统的测试。测试合格就可以发布运行。

以上只是对软件开发的一般步骤做了一个简单的介绍，详细的内容在一些软件工程书籍中有介绍，有兴趣的可以去翻阅，以便进一步了解软件工程思想。

【项目名称】

完成学生成绩管理系统的系统分析，并形成需求文档。

【项目要求】

结合上述软件工程一般过程，本次项目要求完成需求分析阶段的两个内容：列出软件项目的基本功能，列出软件项目中的实体和实体一般关系（主要是对应关系：一对一，一对多）。

本次项目要求用 C 语言完成一个成绩管理系统的需求文档。成绩管理系统有如下要求。

1．能对课程信息进行管理

主要信息是该门课程上课学期、上课教师、上课地点、学时分布、课程简介、学分、考试方式等，课程信息管理要求能添加课程、修改课程信息、删除课程信息、对某门课程指定授课老师、更改授课老师（由于是一个模拟信息系统，不需要考虑授课老师在同一时间重复某门课程）等，能够按照指定的方式显示查询出来的课程全部信息。

2．能对教师信息进行管理

主要信息是教师姓名、性别、出生年月、职称、教师简介等，教师信息管理要求能够添加教师、删除教师、修改教师信息等功能，能够按照指定的方式显示教师的全部信息。

3．学生信息管理

主要信息是管理学生姓名、出生年月、性别、学号、班级等，学生信息管理要求能够添加学生信息、删除学生信息、修改学生信息等功能，能够按照指定的方式显示某班学生的全部信息。

4．学生选课信息管理

主要信息是学生姓名、课程名称、考试成绩、重修成绩、考试时间、重修考试时间、重修成绩等，主要功能是学生用户能选择学习某门课程，能撤销修学某门课程，教师用户能对某门课程指定分数、修改分数，管理员用户能指定该门课程的考试时间、重修考试时间等功能，教师用户能根据指定的方式查看学生成绩列表。

【参考方案】

学生成绩管理系统功能框图如图 2.1 所示。

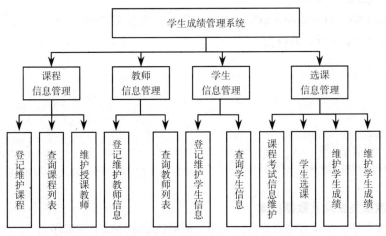

图 2.1　学生成绩管理系统功能框图

（1）课程信息（课程号，课程名，上课学期，上课教师，上课地点，学时分布，课程简介，学分，考试方式）。

（2）教师信息（教师号，姓名，性别，出生年月，职称，简介，用户名，密码）。

（3）学生信息（学号，姓名，性别，出生年月，班级，用户名，密码）。

（4）选课信息（课程号，学号，成绩，考试时间，考试地点，重修成绩，重考时间，重考地点）。

（5）管理员（用户名，密码，管理员介绍）。

2.2 数据类型、运算符和表达式

2.2.1 基础实训项目

【基础实验项目】熟悉 C 语言基本数据类型，运算符及表达式。

【项目目的】

1. 熟悉 C 语言的基本数据类型，了解不同数据类型在计算机中的表示，在不同环境下的数据范围，了解不同数据类型的常量表示形式。

2. 熟悉 C 语言的基本运算符及其操作，了解运算符的结合性和优先级概念，了解 C 语言中类型转换。

3. 熟悉 C 语言表达式，并能准确地用 C 语言表达式完成一般的科学计算问题。

【预备知识】

复习 C 语言基本数据类型，运算符与表达式的概念和含义。

【项目内容】

输入给定的 C 语言源程序，通过给定的测试数据，得出不同的测试结果。分析测试结果，了解 C 语言数据类型的含义与数据范围，了解预算符的执行顺序，了解基本的预算符表达式及其计算。最后独立完成几个科学公式的 C 语言表示。

1. 在 D 盘根目录下面建立一个文件夹，例如：d:\myProject\ch02。

2. 打开 Visual C++6.0 集成开发环境。

3. 建立新的 Win32 Console Application 的工程，工程名为 ch02。

4. 打开 ch02.cpp 文件，修改为：

```
#include <stdio.h>
main()
{
int x,y,a;
scanf("%d%d", &x,&y);
a=(x+y)/2;
printf("The average is:%d",a);
}
```

项目一：数据类型及其数据范围

（1）调试该程序，在没有错误之后，采用下面的数据来测试上述程序。

① 2, 6

② 1, 3

③ -2, -6

④ -1, -3

⑤ 32800, 33000

⑥ -32800, 33000

⑦ 2147483647，0

⑧ 2147483647，1

⑨ 2147483647，2147483648

⑩ - 2147483647，2147483648

a. 分析上述哪几组测试用例较好？通过测试，发现程序有什么错误？若有错误，请指出错误原因。

b. 操作符 sizeof 用以测试一个数据或类型所占用的存储空间的字节数。请编写一个程序，测试各基本数据类型所占用的存储空间大小。sizeof 使用格式：int sizeof（数据类型或变量表达式）

（2）对于上述程序，如果将 int 改为 char、float、double、short 分别使用上述数据测试，会得出什么结果？

（3）如果将 scanf("%d%d",&x,&y);改为：scanf("%d,%d",&x,&y);在输入的时候会出现什么现象？如果改为：scanf("x=%d,y=%d",&x,&y)呢？

（4）如果在程序中去掉 "int x,y,a" 这句呢，程序编译的时候会出现什么现象？

（5）如果在程序中将 "int x,y,a" 改为两句 "float x,y;int a"，然后将 scanf 改为 scanf("%f%f",&x,&y);程序在编译时会出现什么现象，执行时出现什么现象？若将 "int x,y,a" 改为两句 "double x,y;int a"，然后将 scanf 改为 scanf("%f%f",&x,&y);程序在编译时出现什么现象，执行时又出现什么现象？

项目二：运算符的功能与含义，计算结果及结合性测试

（1）判断下列程序的输出结果，上机验证。

```c
#include "stdio.h"

void main(int argc,char* argv[])
{
  int a=7,b=3,c=4;
  char d=127,e=23;
  float x1=5.0, y1=2.0;
  short x2=34,y2=25;
  long x3=45l;

  int result1;
  double result2;
  char result3;

  result1=a/2+b;
  result2=a/2+b+x1/2;
  result3=d/2+e;

  printf("result1=%d\nresult2=%f\nresult3=%d\n",result1,result2,result3);

}
```

试分析每一个计算的结果，并说明原因。如果将 *d* 由 127 改为 128 又出现什么结果，分析原因。顺便总结一下 "+" 运算符的结合性以及数据类型转换的规则。

（2）判断下列程序的输出结果，上机验证。

```c
#include "stdio.h"
```

```
void main(int argc,char* argv[])
{
  int a=7,b=3,c=4;
  int result1;
  int result2;

  result1=a++;
  result2=++b;

  printf("result1=%d  a=%d\n",result1,a);
  printf("result2=%d  b=%d\n",result2,b);

}
```

试分析每一个计算的结果，并说明原因。顺便总结一下"++"运算符的计算规律。

（3）判断下列程序的输出结果，上机验证。

```
#include "stdio.h"

int main()
{
    int a=10,b=3;
    float c=12.3;
    double d=4.0;
    char e=65;
    printf("%d",(a+c,b));
    printf("%f",a>b?c:d);
    printf("%d",a=b+c);
}
```

分析上面程序的结果，试着总结逗号运算符的计算顺序及结果、条件运算符的计算规则及结果、赋值运算符的运算规则及结果，试着总结 C 语言表达式中数据类型转换的自动规则。

项目三：编程实现一般数学公式计算

（1）编写程序实现下述功能：

周期为 T 秒的人造地球卫星离地面的平均高度 H 的计算公式为：

$$H = \sqrt[3]{\frac{6.67\times10^{-11}MT^2}{4\pi^2}} - R$$

其中，$M = 6\times10^{24}$kg 是地球的质量，

$R = 6.371\times10^6$m 是地球的半径。

试编制一个求 H 的程序。

编程时注意以下事项。

① 不要用一个算式计算 H 的值，尽量分成几个算式来计算。

② 在程序设计时思考每个变量如何定义，用什么类型，输入语句和输出语句如何编写。

③ 在编程过程中可能用到求平方根函数，这个函数的声明在 math.h 头文件中定义，函数的使用格式如下：

```
double pow(double x, double y);
```

（2）编写程序实现下述功能。

摄氏温度转华氏问题，比如给出 37℃，计算对应的华氏温度值。

小知识：摄氏温度，冰点时温度为 0℃，沸点为 100℃，而华氏温度把冰点温度定为 32 华氏度，沸点为 212 华氏度，所以 1 摄氏度等于 1.8 华氏度。

摄氏温度与华氏温度的换算式是：

$$F = \frac{9}{5}C + 32$$

2.2.2　综合实训项目

在学生成绩管理系统中，教师往往要求对本次教学的情况做统计分析，比如要求分析所有学生的平均成绩是多少，学生成绩的均方差是多少，学生成绩中的优良中，及格和不及格及各个分段学生人数占总人数的百分比，现给出 10 个成绩：33、56、78、65、67、77、25、90、88、78，请编写程序实现如下功能：

（1）计算学生的平均成绩；

（2）计算学生成绩的均方差。

【参考方案】

均方差又称标准差，反映的是各数据之间差异的大小，计算方法如下。

假定 μ 表示平均值，μ 的计算式为：

$$\mu = \frac{1}{N} \sum_{i=1}^{N} x_i$$

则均方差 σ 的计算式为：

$$\sigma = \sqrt{\frac{1}{N} (\sum_{i=1}^{N} (x_i - \mu)^2}$$

程序清单如下：

```c
#include<stdio.h>
#include<math.h>

void main()
{
    int a1=33,a2=56,a3=78,a4=65,a5=67,a6=77,a7=25,a8=90,a9=88,a10=78;
                                        //定义10个变量保存数据
    int sum=a1+a2+a3+a4+a5+a6+a7+a8+a9+a10;     //保存总和数
    int avg=sum/10;                             //保存平均数
    int ss;
    double s;
    ss=(a1-avg)*(a1-avg)+(a2-avg)*(a2-avg)+(a3-avg)*(a3-avg)+(a4-avg)*(a4-avg)+(
a5-avg)*(a5-avg)+(a6-avg)*(a6-avg)+(a7-avg)*(a7-avg)+(a8-avg)*(a8-avg)+(a9-av
g)+(a10-avg)*(a10-avg);
    s=sqrt(ss/10);
    printf("\n平均值为:%d",avg);
    printf("\n均方差为:%f\n",s);
}
```

说明：在本项目中用到数学计算的函数 sqrt()，该函数在头文件"math.h"中描述，函数的使

用格式是

```
double  sqrt(double);
```

意思是给该函数传入一个双精度浮点数，该函数返回该双精度浮点数的平方根。

2.3　顺序结构程序设计

2.3.1　基础实训项目

【基础实验项目】熟悉 C 语言数据输入输出函数，了解 C 语言一般交互编程方法。

【项目目的】

1．了解 C 语言简单语句和复合语句。

2．熟悉 scanf 和 printf 函数的一般格式。

【预备知识】

复习 C 语言数据输入输出函数的一般格式。

【项目内容】

输入给定的程序，按照给定的数据测试程序，并总结 scanf 和 printf 的格式。

1．在 D 盘根目录下面建立一个文件夹，例如：d：\myProject\ch03。

2．打开 Visual C++6.0 集成开发环境。

3．建立新的 Win32 Console Application 的工程，工程名为 ch03。

4．打开 ch03.cpp 文件，修改为

```c
#include "stdio.h"

void main()
{
  int  a;
  int c,d;
  long a1,b1;
  float a2,b2;
  char c1,c2;
  double d1,d2;
  scanf("%d%d",a,b);
  scanf("c=%d,d=%d",&c,&d);
  sacnf("%ld%ld",&a1,&b1);
  scanf("%f,%f",&a2,&b2);
  scanf("%lf%lf",&d1,&d2);
  scanf("%c,%c",&c1,&c2);
  printf("\n");
  printf("a=%6d,b=%-6d,c=%-6d,d=%6d\n",a,b,c,d);
  printf("a2=%8.3f,b2=%-8.3f,d1=%-8.3f,d2=%8.3f\n",a2,b2,d1,d2);
  printf("a=%d,%o,%u,%v\n",a,a,a,a);
  printf("b=%d,%o,%u,%v\n",b,b,b,b);
  printf("c=%d,%o,%u,%v\n",c,c,c,c);
  printf("d=%d,%o,%u,%v\n",d,d,d,d);
  printf("a1=%d,%o,%u,%v\n",a1,a1,a1,a1);
  printf("b1=%d,%o,%u,%v\n",b1,b1,b1,b1);
```

```
    printf("d1=%f,%g,%e\n",d1,d1,d1);
    printf("c1=%c,c1's ASCII code is=%d, c2=%c,c2's ASCII code is=%d\n",c1,c1,c2,c2);
    printf("\n");
}
```

项目一：scanf 函数的格式测试

修改上述程序中的错误，并总结出错误原因。

项目二：printf 函数的格式测试

① 采用下述数据测试修改正确后的程序。

a=123, b=234, c=4000000000, d=2000000000, a1=6000000000, b1=2000000000, a2=1234.23451, b2=123456789.9768, c1='A', c2='B', d1=123.456789, d2=987.87654321

分析测试的结果，注意数据类型的长度，数据在不同格式下输出的结果。

② 对上述的测试数据，采用单步调试方式，得出每一步变量的结果。单步执行的方式：在 Visual C++6.0 下面，单击<F10>键就可以单步执行程序，每执行一步，在信息输出窗口中查看变量的值。

项目三：简单顺序程序设计

（1）编写程序实现下面的要求。

现有票据的数据格式如下，请编程序打印出来。

```
*****************************************************************
       234        123      23.5    -12.2   -1234.2      12.2       120       400
   -1234.2        123       120    -12.2       234      12.2      23.5       400
       234       12.2      23.5      400   -1234.2       123       120     -12.2
   -1234.2        123      23.5      400       234      12.2       120     -12.2
   -1234.2       12.2       120      400       234       123      23.5     -12.2
*****************************************************************
234        123        23.5      -12.2     -1234.2 12.2      120       400
-1234.2 123        120       -12.2     234         12.2      23.5      400
234        12.2       23.5      400       -1234.2 123       120       -12.2
-1234.2 123        23.5      400       234         12.2      120       -12.2
-1234.2 12.2       120       400       234         123       23.5      -12.2
*****************************************************************
```

上面的数据中，"*"字符一行有 64 个，共 3 行，数据是每 8 个作为一个输出域，每行有 8 个数据，一共 10 行数据，其中上面 5 行数据是右对齐，下面的数据是左对齐。

（2）编写程序实现下面的功能。

输入三角形 3 边 a、b、c 的值，计算并输出三角形的面积。三角形的面积公式为

$$a = \sqrt{s(s-a)(s-b)(s-c)}$$

$$s = \frac{a+b+c}{2}$$

可能用到的函数是 sqrt(x)，该函数是求平方根，定义在 math.h 头文件中。函数的格式是

```
double sqrt(double );
```

2.3.2　综合实训项目

在学生成绩录入系统中，要求给出课程登记界面、教师信息录入界面、学生信息录入界面、学生选课界面和查询结果打印界面，下面要求模拟设计出如下功能：

（1）课程登记功能，课程查询结果显示功能；

（2）教师信息录入功能，教师信息查询显示功能；

（3）学生信息录入功能，学生信息查询显示功能；

（4）学生选课功能，学生选课查询显示功能。

【参考方案】

录入界面一般都需要一个友好的提示信息，所以在本例中，每一个录入前都要打印一个提示信息。

下面的程序只是给出了学生信息录入功能和学生信息显示功能的代码，其他功能代码可以参考以下代码编写。

程序清单如下：

```c
#include<stdio.h>

void main()
{
    char sno[6];
    char name[6];
    char sex[6];
    char borth[6];
    char grass[6];
    char username[6];
    char pass[6];

    printf("\t\t请输入学生学号：");
    gets(sno);
    printf("\t\t请输入学生姓名：");
    gets(name);
    printf("\t\t请输入该学生的性别:");
    gets(sex);
    printf("\t\t请输入该学生的出生年月:");
    gets(borth);
    printf("\t\t请输入该学生的班级:");
    gets(grass);
    printf("\t\t请输入该学生的用户名:");
    gets(username);
    printf("\t\t请输入该学生的密码:");
    gets(pass);

    printf("\n该学生记录如下：");
    printf("\n=================================================\n\n");
    printf("%-9s%-9s%-9s%-9s%-9s%-9s%-9s\n","学号","姓名","性别","出生年月","班级","用户名","密码");
    printf("%-9s%-9s%-9s%-9s%-9s%-9s%-9s\n\n",sno,name,sex,borth,grass,username,pass);

    printf("\n\t\t按任意键返回主菜单......");
    getch();
}
```

2.4　选择结构程序设计

2.4.1　基础实训项目

【基础实验项目】C 语言中选择结构的使用。

【项目目的】

1．熟悉选择条件与程序流程的关系。

2．了解用不同的测试数据使程序的流程覆盖不同的分支语句方法。

3．了解 C 语言表示逻辑值的方法（以 0 代表"假"，以 1 代表"真"）。

4．学会正确使用逻辑运算符和逻辑表达式、关系运算符和关系表达式。

5．熟练掌握 if 语句和 switch 语句。

6．了解多层嵌套条件语句的使用。

【预备知识】

1．熟悉 C 语言的基本语法，掌握各种数据类型的使用。

2．复习逻辑运算符和逻辑表达式、关系运算符和关系表达式。

3．复习各种分支控制语句。

4．了解程序流图的基本画法。

【项目内容】

要求程序能够处理分数的划界问题，具体为 A：90 分及以上；B：80～90 分（包括 80 分）；C：70～80 分（包括 70 分）；D：60～70 分（包括 60 分）；E：60 分以下。程序中 score 为某学生输入的成绩变量，grade 为等级变量。

根据要求画出程序流图，在 Visual C++6.0 环境下面编写对应的程序（要求使用 if 和 switch 分支语句），然后编译、运行程序，对照实际，观察程序结果。

一、实验步骤

1．在 D 盘根目录下面建立一个文件夹，例如：d：\myProject\ch04_1。

2．打开 Visual C++6.0 集成开发环境。

3．建立新的 Win32 Console Application 的工程，工程名为 ch04_1。

4．打开 ch04_1.cpp 文件，输入以下程序。

```c
#include<stdio.h>

void main()
{
    int score;
    char grade;
    printf("please input a student score:");
    scanf("%d",&score);
    if(score>100||score<0)
        printf("\ninput error!");
    else
    {
        if(score>=90)
```

```
                grade='A';
            else
            {
                if(score>=80)
                    grade='B';
                else
                {
                    if(score>=70)
                        grade='C';
                    else
                    {
                        if(score>=60)
                            grade='D';
                        else grade='E';
                    }
                }
            }
        printf("The student grade:%c\n",grade);
        }
    }
```

使用 if/else 语句方式实现的流程图如图 2.2 所示。

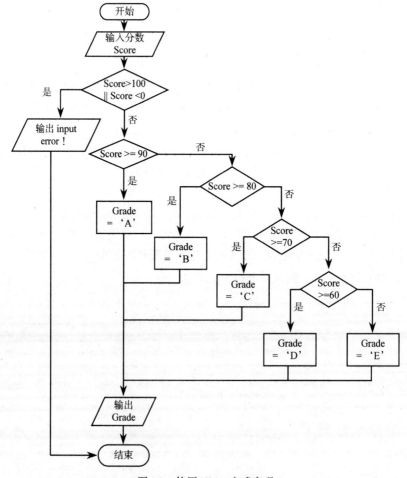

图 2.2　使用 if/else 方式实现

　　输入完程序后，仔细检查每一句的输入是否有误，如果有错误，修改错误，直到确认没有错误。选择 Compile 菜单的 Build ch04_1.exe 菜单项，则直接执行编译和链接命令，也就是构建命令，直接生成 exe 的可执行程序，这一步可以使用快捷键<F7>来完成。在信息输出窗口如果出现如下信息：

```
ch04_1.exe - 0 error(s), 0 warning(s)
```

　　则构建成功。然后选择 Compile 菜单中的 "Execute ch04_1.exe" 命令，运行程序（这一步可以使用快捷键<Ctrl+F5>来完成）。此时在控制台窗口出现如图 2.3 所示文字，表示程序运行正确。

图 2.3　用 if 实现结果

　　将上面程序改为 switch 语句形式见下面过程。

1. 再次建立新的 Win32 Console Application 的工程，工程名为 ch04_2。
2. 打开 ch04_2.cpp 文件，输入以下程序：

```c
#include<stdio.h>

void main()
{
    int score,grade;
    char ch;
    printf("Please input a student score:");
    scanf("%d",&score);
    grade=score/10;
    if(score<0||score>100)
        printf("input error!\n");
    else
    {
        switch(grade)
        {
        case 10:
        case 9:ch='A';break;
        case 8:ch='B';break;
        case 7:ch='C';break;
        case 6:ch='D';break;
        default:ch='E';
        }
        printf("The student grade:%c\n",ch);
    }
}
```

　　使用 switch 语句方式实现的流程图如图 2.4 所示。

　　输入完程序后，再次检查，在确认无误后，进行编译和链接，生成 exe 可执行文件。构建成功后，然后选择 Compile 菜单中的 "Execute ch04_2.exe" 命令，运行程序（这一步可以使用快捷键<Ctrl+F5>来完成）。在屏幕上可得如图 2.5 所示运行界面。

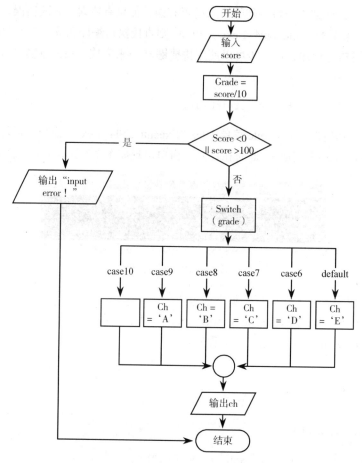

图 2.4   使用 switch 方式实现

图 2.5   用 switch 实现的结果

二、基本实验

项目一：掌握 if 语句的结构

if 语句的一般结构为：if(表达式) {语句 1} else{语句 2}

（1）表达式可为任意的逻辑表达式，若表达式的值为真（非 0 为真），则执行语句 1，反之则执行表达式 2。

（2）若语句为单条语句，可省略"{}"，若为多条语句则不可省略。

（3）有多个 if 分支是可以将结构写为 if(表达式) {语句 1 else if(表达式) 表达式 2……} else{语句 n}，这样将大大减少判断条件所需时间，提高代码效率。

（4）阅读下面程序，理解该程序的功能。

```
#include<stdio.h>
```

```
void main()
{
    int a,b;
    printf("Please input your userno:\n");
    scanf("%d",&a);
    printf("Please input your password:\n");
    scanf("%d",&b);
    if(a==8)
    {
        printf("Your number has been registed.\n");
        if(b==5)
        {
            printf("You access to this system!\n");
        }
        else
        {
            printf("The password is error,can not login system\n");
        }
    }
    else
    {
        printf("It's not a valid user.");
    }
}
```

项目二：正确使用条件运算符

条件运算符一般格式为：表达式 1? 表达式 2：表达式 3

用法：若表达式 1 的值非 0，则取表达式 2 的值作为整个表达式的值，否则取表达式 3 的值为整个表达式的值。如 3>4?1:2，该表达式的值为 2。

如现有两段代码：

（1）
```
#include<stdio.h>
    void main()
    {
        int a,b,dis;
        scanf("%d%d",&a,&b);
        if(a>b)
            dis=a;
        else
            dis=b;
        printf("%d\n",dis);
    }
```
（2）
```
#include<stdio.h>
    void main()
    {
        int a,b,dis;
        scanf("%d%d",&a,&b);
        dis=(a>b)?a:b;
        printf("%d\n",dis);
    }
```

分别编译运行这两条语句，输入参数 *a*、*b* 看看结果有什么不一样，并说明原因。

项目三：switch 语句的使用

C 语言还提供了另一种用于多分支选择的 switch 语句，其一般形式为

```
switch(表达式){
case 常量表达式 1: 语句 1;
case 常量表达式 2: 语句 2;
…
case 常量表达式 n: 语句 n;
default : 语句 n+1;
}
```

其语义是：计算表达式的值，并逐个与其后的常量表达式值相比较，当表达式的值与某个常量表达式的值相等时，即执行其后的语句，然后不再进行判断，继续执行后面所有在 case 后的语句。

如表达式的值与所有 case 后的常量表达式均不相同时，则执行 default 后的语句。

```
void main()
{
    int a;
    printf("input integer number: ");
    scanf("%d",&a);
    switch (a)
    {
        case 1:printf("Monday\n");
        case 2:printf("Tuesday\n");
        case 3:printf("Wednesday\n");
        case 4:printf("Thursday\n");
        case 5:printf("Friday\n");
        case 6:printf("Saturday\n");
        case 7:printf("Sunday\n");
        default:printf("error\n");
    }
}
```

本程序是要求输入一个数字，输出一个英文单词。但是当输入 3 之后，却执行了 case 3 以及以后的所有语句，输出了 Wednesday 及以后的所有单词。这当然是不希望的。为什么会出现这种情况呢？这恰恰反映了 switch 语句的一个特点。在 switch 语句中，"case 常量表达式"只相当于一个语句标号，表达式的值和某标号相等则转向该标号执行，但不能在执行完该标号的语句后自动跳出整个 switch 语句，所以出现了继续执行所有后面 case 语句的情况。这与前面介绍的 if 语句有所不同，应特别注意，避免上述情况。

项目四：break 语句的使用

C 语言还提供了 break 语句，专用于跳出 switch 语句，break 语句中只有关键字 break，没有参数。在后面还将详细介绍。修改例题的程序，在每一 case 语句之后增加一条 break 语句，使每一次执行之后均可跳出 switch 语句，从而避免输出不应有的结果。

```
void main()
{
    int a;
    printf("input integer number: ");
    scanf("%d",&a);
    switch (a)
```

```
    {
        case 1:printf("Monday\n");break;
        case 2:printf("Tuesday\n"); break;
        case 3:printf("Wednesday\n");break;
        case 4:printf("Thursday\n");break;
        case 5:printf("Friday\n");break;
        case 6:printf("Saturday\n");break;
        case 7:printf("Sunday\n");break;
        default:printf("error\n");
    }
}
```

三、自主练习项目

1. 编写程序实现如下功能：

用户输入一个年份，判断该年份是否为闰年，若是，则输出是闰年的信息，否则输出不是闰年（判断一个年份是否为闰年的方法为：如果一个年份能够被 4 整除，但不能被 100 整除即能被 400 整除则为闰年，否则为平年）。

2. 编写一个程序，求一个一元二次方程 $y=ax^2+bx+c$ 的根，系数 a、b、c 从键盘输入。要求考虑到根的各种情况。

3. 编制程序要求输入整数 a 和 b，若 $a^2+b^2>100$，则输出 a^2+b^2 百位以上数字，否则输出两数之和。

4. 某邮局对邮寄包裹有如下规定：若包裹的长宽高任一尺寸超过 1 米或重量超过 30 千克，不予邮寄；对可以邮寄的包裹每件收手续费 0.2 元，再加上根据以下方式按重量 wei 计算出的费用：

重量（千克）	收费标准（元/千克）
wei≤10	0.80
10<wei≤20	0.75
20<wei≤30	0.70

5. 编制程序预测成人后的儿童身高。（提示：从遗传角度看，成人后的儿童身高和自身性别也密切相关。若儿童父亲身高为 fath_Height，母亲身高为 moth_Height，则身高预测公式为：男性儿童成人时身高=(fath_Height+moth_Height)×0.54 cm；女性儿童成人时身高=(fath_Height×0.923+moth_Height)/2 cm）

6. 有一分段函数如下：

$$y=\begin{cases} x+4 & x\leq 0 \\ x & 0<x\leq 10 \\ 2x-16 & 10\leq x\leq 100 \\ 16-3x & x>100 \end{cases}$$

用 scanf 函数输入 x 的值（分别为 $x<0$，$0\leq x<10$，$x\geq 10$ 三种情况），求 y 值。

2.4.2　综合实训项目

在学生成绩管理系统中，有如下功能要求实现。

（1）要求根据给定的成绩对学生做出成绩评价，

如 60 分以下，不及格；

大于等于 60，小于 70，及格；

大于等于 70，小于 80，中等；

大于等于 80，小于 90，良好；

大于等于 90，优秀。

（2）实现菜单功能。比如，当进入系统时，系统显示如下菜单。

1. 课程信息管理

2. 教师信息管理

3. 学生信息管理

4. 选课信息管理

5. 退出

当用户输入 1 时，屏幕进入课程信息管理子系统，在课程信息管理子系统中又出现一个菜单；当用户输入 2 时，屏幕进入教师信息管理子系统……

编写程序完成以上两个功能。

【参考方案】

① 成绩评定程序清单。

```c
#include<stdio.h>

void main()
{
    int score;
    printf("\n请输入学生成绩:");
    scanf("%d",&score);
    if(score<60)
            printf("学生成绩：不及格");
        if(score>=60&&score<70)
            printf("学生成绩：及格");
        if(score>=70&&score<80)
            printf("学生成绩：中等");
        if(score>=80&&score<90)
            printf("学生成绩：良好");
        if(score>=90&&score<=100)
            printf("学生成绩：优秀");
}
```

② 菜单功能程序清单。

```c
#include<stdio.h>
#include<conio.h>
void show_student();
void show_teacher();
void show_course();
void show_select();
void add_std(){}
void modify_std(){}
void del_std(){}
void find_std(){}
void list_std(){}
```

```
void add_tea(){}
void modify_tea(){}
void del_tea(){}
void find_tea(){}
void list_tea(){}
void add_cou(){}
void modify_cou(){}
void del_cou(){}
void find_cou(){}
void list_cou(){}
void find(){}
void add(){}
void modify(){}
void del(){}
void list(){}
void list_grad(){}
void list_calssify(){}
void resort_up(int flag){}

void main()
{
    char c;
    fflush(stdin);
    printf("\n\t★☆    欢迎使用学生成绩管理系统    ☆★\n\n");
    printf("\t 请选择(1-5): \n");
    printf("\t======================================\n");
    printf("\t\t1.学生信息管理\n");
    printf("\t\t2.教师信息管理\n");
    printf("\t\t3.课程信息管理\n");
    printf("\t\t4.选课信息管理\n");
    printf("\t\t5.退出\n");
    printf("\t======================================\n");
    printf("\t 您的选择是: ");
    c=getchar();getchar();          /*输入用户选择的功能编号*/
    switch (c)
    {
        case '1':show_student();break;      /*查询*/
        case '2':show_teacher(); break;     /*修改*/
        case '3':show_course(); break;      /*添加*/
        case '4':show_select(); break;      /*删除*/
        case '5':printf("\t\t...退出系统!\n");
    }
}

void show_student()
{
        char c;
        fflush(stdin);
        printf("\n\t★☆    学生信息管理    ☆★\n\n");
        printf("\t 请选择(1-5): \n");
        printf("\t======================================\n");
```

```
        printf("\t\t1.登记学生信息\n");
        printf("\t\t2.修改学生信息\n");
        printf("\t\t3.删除学生信息\n");
        printf("\t\t4.查询学生信息\n");
        printf("\t\t5.浏览学生信息\n");
        printf("\t\t6.退出\n");
        printf("\t======================================\n");
        printf("\t 您的选择是: ");
        c=getchar();getchar();                /*输入用户选择的功能编号*/
        switch (c)
        {
        case '1': add_std();break;
        case '2': modify_std();break;
        case '3': del_std();break;
        case '4': find_std();break;
        case '5': list_std();break;
        case '6': break;
        }
}


void show_teacher()
{
        fflush(stdin);
        printf("\n\t★☆    教师信息管理    ☆★\n\n");
        printf("\t 请选择(1-5): \n");
        printf("\t======================================\n");
        printf("\t\t1.登记教师信息\n");
        printf("\t\t2.修改教师信息\n");
        printf("\t\t3.删除教师信息\n");
        printf("\t\t4.查询教师信息\n");
        printf("\t\t5.显示教师信息\n");
        printf("\t\t6.退出\n");
        printf("\t======================================\n");
        printf("\t 您的选择是: ");
        char d;
        d=getchar();getchar();                /*输入用户选择的功能编号*/
        switch (d)
        {
        case '1': add_tea();break;
        case '2': modify_tea();break;
        case '3': del_tea();break;
        case '4': find_tea();break;
        case '5': list_tea();break;
        case '6': break;
        }
}


void show_course()
{
        fflush(stdin);
        printf("\n\t★☆    课程信息管理    ☆★\n\n");
```

```
        printf("\t 请选择(1-5): \n");
        printf("\t=====================================\n");
        printf("\t\t1.登记课程信息\n");
        printf("\t\t2.修改课程信息\n");
        printf("\t\t3.删除课程信息\n");
        printf("\t\t4.查询课程信息\n");
        printf("\t\t5.显示课程信息\n");
        printf("\t\t6.退出\n");
        printf("\t=====================================\n");
        printf("\t 您的选择是: ");
        char c;
        c=getchar();getchar();            /*输入用户选择的功能编号*/
        switch (c)
        {
        case '1': add_cou();break;
        case '2': modify_cou();break;
        case '3': del_cou();break;
        case '4': find_cou();break;
        case '5': list_cou();break;
        case '6':break;
        }
}

void show_select()
{
    fflush(stdin);
    printf("\n\t★☆    学生信息管理    ☆★\n\n");
    printf("\t 请选择(1-5): \n");
    printf("\t=====================================\n");
    printf("\t\t1.查询学生成绩\n");
    printf("\t\t2.添加学生成绩\n");
    printf("\t\t3.修改学生成绩\n");
    printf("\t\t4.删除学生成绩\n");
    printf("\t\t5.浏览学生成绩\n");
    printf("\t\t6.按评级输出成绩\n");
    printf("\t\t7.统计成绩\n");
    printf("\t\t8.对总成绩排名输出\n");
    printf("\t\t9.退出\n");
    printf("\t=====================================\n");
    printf("\t 您的选择是: ");
    char c;
    c=getchar();getchar();            /*输入用户选择的功能编号*/
    switch (c)
    {
    case '1':find();break;
    case '2':add();break;
    case '3':modify();break;
    case '4':del();break;
    case '5':list();break;
    case '6':list_grad();break;
```

```
        case '7':list_calssify();break;
        case '8':resort_up(1);//升序
                resort_up(0);//降序
            break;
        case '9':break;
        default: printf("\t\t输入错误!请按任意键返回重新选择(1-8)\n");getch();
        }
    }
```

2.5　循环结构程序设计

2.5.1　基础实训项目

【基础实验项目】C 语言中循环结构的使用。

【项目目的】

1．掌握在程序设计中用条件循环结构时，如何正确地设定循环的条件，以及如何控制循环的退出。

2．了解条件循环结构的基本测试方法。

3．掌握如何正确地控制计数循环结构的循环次数。

4．了解对计数循环结构进行测试的基本方法。

5．了解在嵌套循环结构中，提高程序效率的方法。

【预备知识】

1．复习条件表达式、逻辑表达式、逗号表达式、算术运算类表达式。

2．复习表达式的输入、输出数据类型和值，特别理解 C 语言中逻辑值的表示。

3．复习 for 语句、while 语句、do while 语句，理解循环语句的含义。

【项目内容】

编写一个简单的程序，实现从 1～100 的累加运算。

根据要求画出程序流程图，在 Visual C++6.0 环境下编写对应的程序（要求使用 if 和 switch 分支语句），然后编译、运行程序，对照实际，观察程序结果。

一、实验步骤

1．在 D 盘根目录下面建立一个文件夹，例如：d：\myProject\ch05_1。

2．打开 Visual C++6.0 集成开发环境。

3．建立新的 Win32 Console Application 的工程，工程名为 ch05_1。

4．打开 ch05_1.cpp 文件，输入以下程序：

```
#include<stdio.h>

void main()
{
    int sum=0;
    int n;
    printf("请输入 n 的值: \n");
    scanf("%d", &n);
```

```
for(int i=1;i<=n;i++)
{
    sum+=i;
}
printf("1+2+……%d=%d\n",n,sum);
}
```

输入完程序后，仔细检查每一句的输入是否有误，如果有错误，修改错误，直到确认没有错误。选择 Compile 菜单的"Build ch05_1.exe"菜单项则直接执行编译和链接命令，也就是构建命令，直接生成 exe 的可执行程序，这一步可以使用快捷键<F7>来完成。在信息输出窗口如果出现如下信息则构建成功。

```
ch05_1.exe - 0 error(s), 0 warning(s)
```

然后选择 Compile 菜单中的"Execute ch05_1.exe"命令，运行程序（这一步可以使用快捷键<Ctrl+F5>来完成）。此时在控制台窗口出现如图 2.6 所示文字，表示程序运行正确。

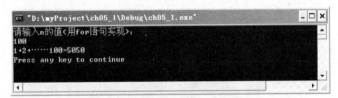

图 2.6　用 for 语句实现的结果

将上面程序改为 while 语句形式见下面过程。

5．再次建立新的 Win32 Console Application 的工程，工程名为 ch05_2。

6．打开 ch05_2.cpp 文件，输入以下程序：

```
#include<stdio.h>

void main()
{
    int sum=0;
    int n;
    int i=1;
    printf("请输入 n 的值(用 while 语句实现): \n");
    scanf("%d",&n);
    while(i<=n)
    {
        sum+=i;
        i++;
    }
    printf("1+2+……%d=%d\n",n,sum);
}
```

使用 while 循环体实现的流程图如图 2.7 所示。

输入完程序后，再次检查，在确认无误后，进行编译和链接，生成 exe 可执行文件。构建成功后，选择 Compile 菜单中的"Execute ch05_2.exe"命令，运行程序（这一步可以使用快捷键<Ctrl+F5>来完成）。在屏幕上可得如图 2.8 所示运行界面。

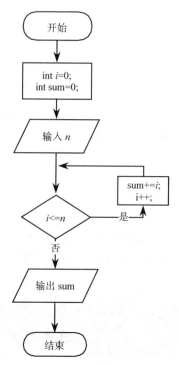

图 2.7　使用 while 方式实现

图 2.8　用 while 语句实现的结果

将上面程序改为 do…while 语句形式见下面过程。

7．再次建立新的 Win32 Console Application 的工程，工程名为 ch05_3。

8．打开 ch05_3.cpp 文件，输入以下程序：

```
#include<stdio.h>

void main()
{
    int sum=0;
    int n;
    int i=1;
    printf("请输入 n 的值! \n");
    scanf("%d",&n);
    do
    {
        sum+=i;
        i++;
    }while(i<=n);
    printf("1+2+……%d=%d\n",n,sum);
}
```

使用 do…while 方式实现的流程图如图 2.9 所示。

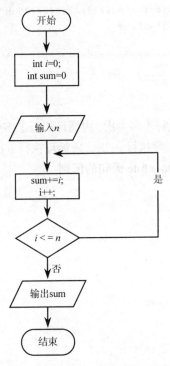

图 2.9　do…while 方式实现的流程图

输入完程序后，再次检查，在确认无误后，进行编译和链接，生成 exe 可执行文件。构建成功后，选择 Compile 菜单中的"Execute ch05_3.exe"命令，运行程序（这一步可以使用快捷键<Ctrl+F5>来完成）。在屏幕上可得如图 2.10 所示运行结果。

图 2.10　用 do……while 语句实现的结果

二、基本实验

项目一：掌握 for 语句的使用，理解在多重 for 循环语句程序中语句的执行顺序和基本的运行过程

阅读如下程序：

```
#include<stdio.h>

void main()
{
    int ibegin=0;
    int ilast=3;
    int jbegin=0;
    int jlast=4;
```

```
for(int i=ibegin;i<ilast;i++)
{
    printf("###############i=%d###############\n",i);
    for(int j=jbegin;j<jlast;j++)
    {
        printf("===============j=%d===============\n",j);
    }
}
```

运行上面程序，看看外循环执行了多少次，内循环执行了多少次，它们与 ibegin、ilast、jbegin、jlast 的关系是什么。如果要使外循序执行 *m* 次、内循环执行 *n* 次要怎么修改程序？

项目二：注意 while 语句和 do-while 语句的区别

阅读如下程序：

（1）
```
#include<stdio.h>

void main()
{
    int i,j;
    scanf("%d%d",&i,&j);
    while((i++)<j)
    {
        printf("执行第%d次\n",i);
    }
}
```

（2）
```
#include<stdio.h>

void main()
{
    int i,j;
    scanf("%d%d",&i,&j);
    do
    {
        printf("执行第%d次\n",i);
    }
    while((i++)<j);
}
```

首先分析程序的运行结果，说明你的理由。分别运行程序，输入参数，观察程序的运行结果，然后与你的结果进行对比，如果结果不同，试说明原因，若要使两程序有等价的结果，应该如何修改程序？

项目三：break 和 continue 语句的使用

break 语句：在选择结构中已经介绍过 break 语句，它的作用是跳出 switch 结构，即继续执行下一语句，而在循环结构中使用 break 语句时，通常它的作用是用来从循环体内跳出循环体，即提前结束循环，接着执行循环下面的语句，需要注意的是，break 语句只可以用于 switch 语句和循环语句中。

continue 语句：有时候在不希望终止整个循环操作的同时又希望结束本次循环，稍后再接着执行循环，这时就可以用到 continue 语句。

阅读如下程序：

（1）
```c
#include<stdio.h>

void main()
{
    int n;
    for(n=100;n<=200;n++)
    {
        if(n%3==0)
            break;
        printf("%d ",n);
    }
    printf("\n");
}
```
（2）
```c
#include<stdio.h>
void main()
{
    int n;
    for(n=100;n<=200;n++)
    {
        if(n%3==0)
            continue;
        printf("%d ",n);
    }
    printf("\n");
}
```

运行程序，记录程序的结果，加深自己对 break 和 continue 语句的理解和使用。

三、自主练习项目

1. 求 $\sum n!$（$n=1\cdots30$）。

2. 指出下面 3 个程序的功能，当输入 "exit?" 时，它们的执行结果分别是什么？

程序 1：

```c
#include<stdio.h>
main()
  {
   char c;
   c=getchar();
   while(c!='?')
   {
    putchar(c);
    c=getchar();
   }
}
```

程序 2：

```c
#include<stdio.h>
main()
  {
   char c;
   while(( c=getchar())!='?') putchar(++c);
  }
```

程序 3:

```
#include<stdio.h>
main()
    {while(putchar(getchar())!='?');
}
```

分析输出的 3 种不同结果，在实验报告中写出为什么。

3．编写程序将一个字符串的内容颠倒过来。

4．有一对兔子，从出生后第 3 个月起每个月都生一对兔子，小兔子长到第 3 个月后每个月又生一对兔子，假如兔子都不死，问 20 个月后的兔子总数为多少？

5．我国古代数学家张丘建在《算经》一书中提出了"百鸡问题"：鸡翁一值钱五，鸡母一值钱三，鸡雏三值钱一。百钱买百鸡，问鸡翁、鸡母、鸡雏各几何？

6．猴子吃桃问题：猴子第一天摘下若干个桃子，当即吃了一半，还不过瘾，又多吃了一个，第二天早上将剩下的桃子吃掉一半，又多吃了一个。以后每天早上都吃了前一天剩下的一半零一个。到第 10 天早上想再吃时，见只剩下一个桃子了。求第一天共摘了多少桃子。

7．有一分数序列：2/1，3/2，5/3，8/5，13/8，21/13…求出这个数列的前 20 项之和。

2.5.2 综合实训项目

在学生成绩管理系统中，有如下功能要求实现：

在前面实现的界面中，当选择一个功能进入子功能后，在子功能中选择退出时，并不会再出现上层功能，请实现这样一个真实可用的菜单，当从子功能退出时，主功能界面会再一次出现。同样的，在子功能菜单中，进入某一功能执行完成后，退出时也能将子功能菜单重复显示出来。只有在主菜单中选择了退出时，才能真正地退出程序。

【参考方案】

要实现上述功能，只需在前一次代码中做如下修改。

添加退出标记 int flag。当 flag=1 时，不退出；当 flag=0 时，退出。下面仅对主界面做了修正，其他界面可以仿照修改。

```
void main()
{
    char c;
    int flag=1;
    while(flag){
    fflush(stdin);
    printf("\n\t★☆   欢迎使用学生成绩管理系统    ☆★\n\n");
    printf("\t 请选择(1-5): \n");
    printf("\t=====================================\n");
    printf("\t\t1.学生信息管理\n");
    printf("\t\t2.教师信息管理\n");
    printf("\t\t3.课程信息管理\n");
    printf("\t\t4.选课信息管理\n");
    printf("\t\t5.退出\n");
    printf("\t=====================================\n");
    printf("\t 您的选择是: ");
    c=getchar();getchar();           /*输入用户选择的功能编号*/
```

```
switch (c)
{
  case '1':show_student();break;              /*查询*/
    case '2':show_teacher(); break;           /*修改*/
    case '3':show_course(); break;            /*添加*/
    case '4':show_select(); break;            /*删除*/
    case '5':flag=0;printf("\t\t...退出系统!\n");
  }
}
}
```

2.6 数　　组

2.6.1 基础实训项目

【基础实验项目】C语言中数组的使用。

【项目目的】

1. 掌握数组定义的规则。

2. 掌握C语言数组的基本用法。

3. 掌握一维数组的定义、赋值以及输入。

4. 掌握字符数组的使用。

5. 掌握与数组有关的算法（如排序算法）。

6. 掌握二维数组的定义、赋值，以及输入、输出的方法。

【预备知识】

1. 复习C语言的字符、选择结构、循环结构等知识。

2. 复习数组的定义、引用和相关算法的程序设计。

3. 复习字符串处理函数和字符数组的使用及库函数的调用方法。

【项目内容】

1. 根据所给的输入，调试程序，分析结果，然后进行总结。

2. 根据实验要求分析问题要求，设计算法，画出流程图，编写程序，上机调试。

一、实验步骤

1. 在D盘根目录下面建立一个文件夹，例如：d：\myProject\ch06_1。

2. 打开Visual C++6.0集成开发环境。

3. 建立新的Win32 Console Application的工程，工程名为ch06_1。

4. 打开ch06_1.cpp文件，输入以下程序。

（1）输入程序如下：

```
#include<stdio.h>

void main()
{
    int n,i;
    scanf("%d",&n);
```

```
    int a[n];
    for(i=0;i<n;i++)
    {
      printf("%d",a[i]);
    }
}
```

（2）新建工程名为 ch06_2，并打开 ch06_2.cpp 文件，输入程序如下：

```
#include<stdio.h>

void main()
{
    const int n=10;
    int a[n];
    int i;
    for(i=0;i<n;i++)
    {
      a[i]=i+1;
    }
    for(i=0;i<n;i++)
    {
      printf("%d",a[i]);
    }
}
```

（3）新建工程名为 ch06_3，并打开 ch06_3.cpp 文件，输入程序如下：

```
#include<stdio.h>
#define n 10;

void main()
{
    int a[n];
    int i;
    for(i=0;i<n;i++)
    {
        a[i]=i+1;
    }
    for(i=0;i<n;i++)
    {
        printf("%d",a[i]);
    }
}
```

（4）新建工程名为 ch06_4，并打开 ch06_4.cpp 文件，输入程序如下：

```
#include<stdion>

void main()
{
    int m[2+2*4];
    int i;
    for(i=0;i<2+2*4;i++)
    {
        m[i]=i+1;
    }
```

```
for(i=0;i<2+2*4;i++)
{
    printf("%d",m[i]);
}
}
```

（5）新建工程名为 ch06_5，并打开 ch06_5.cpp 文件，输入程序如下：

```
#include<stdion>
#define M 2
#define N 8
void main()
{
    int m[M+N];
    int i;
    for(i=0;i<M+N;i++)
    {
        m[i]=i+1;
    }
    for(i=0;i<M+N;i++)
    {
        printf("%d",m[i]);
    }

}
```

输入完程序后，仔细检查每一句的输入是否有误，如果有错误，修改错误，直到确认没有错误产生。

编译执行程序，记录程序的结果，分析结果的由来，如发生错误请说明错误的原因，总结实验，加强对实验的理解。

二、基本实验

项目一：如何定义一维数组

阅读以下程序，分析程序的结果，并详细说明其中各种变量的作用和循环结构的运行方式。

代码如下：

```
#include<stdio.h>
#define N 6

void main()
{
    int i,j,a[N],sum;
    sum=0;
    j=0;
    for(i=0;i<N;i++)
    {
        scanf("%d",&a[i]);
    }
    for(i=0;i<N;i++)
    {
        printf("%d",a[i]);
        j++;
        if(j%3==0)
            printf("\n");
    }
```

```
    for(i=0;i!=N;i++)
        sum+=a[i];
    printf("sum=%d\n",sum);
}
```

项目二：学会正确使用一维数组

（1）分析下面程序，对其中的排序方法进行分析，找出替代的算法。

代码如下：

```
#include<stdio.h>
#define N 10

void main()
{
    int a[N];
    int i,j,temp,min;
    for(i=0;i<N;i++)
    {
        scanf("%d",&a[i]);
    }
    for(i=0;i<N-1;i++)
    {
        min=i;
        for(j=i+1;j<N;j++)
            if(a[j]<a[min])
            {
                min=j;
            }
        temp=a[i];
        a[i]=a[min];
        a[min]=temp;
    }
    for(
        i=0;i<N;i++)
        printf("%d ",a[i]);
}
```

（2）分析下面程序，找出结果，分析该程序的功能。

代码如下：

```
#include<stdio.h>
#include<string.h>

void main()
{
    char s1[80],s2[40];
    int i=0,j=0;
    printf("\n Please input string1:");
    scanf("%s",s1);
    printf("\n Please input string2:");
    scanf("%s",s2);
    while(s1[i]!='\0')
        i++;
    while(s2[j]!='\0')
        s1[i++]=s2[j++];
```

```
        s1[i]='\0';
    printf("\n New string:%s",s1);
}
```

项目三：二维数组的定义和使用

阅读如下程序：

```
#include<stdio.h>

void main()
{
    int a[2][3]={{1,2,3},{4,5,6}};
    int b[3][2],i,j;
    printf("数组 a:\n");
    for(i=0;i<=1;i++)
    {
        for(j=0;j<=2;j++)
        {
            printf("%5d",a[i][j]);
            b[j][i]=a[i][j];
        }
        printf("\n");
    }
    printf("数组 b:\n");
    for(i=0;i<=2;i++)
    {
        for(j=0;j<=1;j++)
        {
            printf("%5d",b[i][j]);
        }
        printf("\n");
    }
}
```

试说明本程序的作用，思考程序中对二维数组的定义以及初始化使用的是什么方法？

三、自主练习项目

1. 编写程序实现如下杨辉三角，要求用数组实现。

```
1
1   1
1   2   1
1   3   3   1
1   4   6   4   1
```

2. 输入 10 个数并存入数组中，要求查找到最大和最小的元素，并对数组进行排序。

3. 有一组学生成绩如下，编写程序，输出每个人的平均分和各科平均分。

学　　号	计算机语言 C	英　　语	高 等 数 学
1	73	70	78
2	77	90	87
3	60	51	71
4	88	81	91
5	90	92	89

4．有 *m* 行 *n* 列的整数矩阵，现由用户给其赋值。要求编程找出其中最大数及其所在行列。

5．编辑程序，将用户输入的任意字符串中的数字字符全部删除，形成新的字符串输出。

6．在一个已排好序的数列中（由小到大）再插入一个数，要求仍然有序。编程并上机运行。提示：编程时应考虑到插入的数的各种可能性（比原有所有的数大；比原有所有的数小；在最大数和最小数之间）。

2.6.2　综合实训项目

在第 2.2.2 个综合实训项目中实现了对成绩的计算，但是在那里进行的并不是真实的成绩，假定某门课程的成绩记录在数组中，请改写第 2 个综合实验项目，完成如下功能：

（1）计算学生的平均成绩；

（2）计算学生成绩的均方差；

（3）统计 60 分以下，60～70 分，70～80 分，80～90 分和 90 分以上这 5 个分段的学生人数与比例；

（4）对成绩按照某一要求排序，假定给出菜单：

1．升序

2．降序

则分别实现按照升序或降序排序成绩。

【参考方案】

```c
int avg(int score[],int n)
{
 int sum=0;
 for(int i=0;i<n;i++)
  sum+=score[i];
 if(n>0)
     return sum/n;
 return sum;
}
double var(int score[],int n)
{
    int varsum=0;
    int averg=0;
    averg=avg(score,n);
    for(int i=0;i<n;i++)
    {
        varsum+=(score-averg)*(score-averg);
    }
    if(n>0)
        return (double)varsum/n;
    return (double)varsum;
}
void stat(int score[],int n)
{
    int s59=0,s69=0,s79=0,s89=0,s99=0;
    for(int i=0;i<n;i++)
    {
        if(score[i]<60)s59++;
        if(score[i]<70&&score[i]>=60)s69++;
        if(score[i]<80&&score[i]>=70)s79++;
```

```
            if(score[i]<90&&score[i]>=80)s89++;
            if(score[i]<=100&&score[i]>=90)s99++;
        }
        if(n>0)
        {printf("\n60分以下人数为:%d,占总人数的%5.2f\%",s59,(double)s59/(s59+s69+s79+s89+
s99)*100);
        printf("\n60分到70人数为:%d,占总人数的%5.2f\%",s69,(double)s69/(s59+s69+s79+s89+
s99)*100);
        printf("\n70分到80人数为:%d,占总人数的%5.2f\%",s79,(double)s79/(s59+s69+s79+s89+
s99)*100);
        printf("\n80分到90人数为:%d,占总人数的%5.2f\%",s89,(double)s89/(s59+s69+s79+s89+
s99)*100);
        printf("\n90 分到 100 人数为：%d,占总人数的%5.2f\%",s99,(double)s99/(s59+s69+s79+
s89+ s99)*100);
        }
        else
            printf("\n 没有分数，不能统计");
    }
    void sorts(int score[],int n,int flag)
    {
        int tmp;
        for(int i=0;i<n;i++)
        for(int j=0;j<n-i-1;j++)
        {
                if(flag==1)
                {
                        if(score[j]>score[j+1])
                        {
                                tmp=score[j];
                                score[j]=score[j+1];
                                score[j+1]=tmp;
                        }
                }
                else
                {
                        if(score[j]<score[j+1])
                        {
                                tmp=score[j];
                                score[j]=score[j+1];
                                score[j+1]=tmp;
                        }
                }
        }
    }
```

2.7　结构体和共用体

2.7.1　基础实训项目

【基础实验项目】结构体和共用体的使用。

【项目目的】

1．掌握结构体类型的定义方法及结构体变量的定义和引用。

2．掌握指向结构体变量的指针变量的应用。

3．掌握运算符"．"和"—>"的应用。

4．共用体的概念和应用。

【预备知识】

1．复习结构体类型的定义，以及结构体变量、数组的定义和使用方法。

2．复习结构指针及其应用，如链表。

【项目内容】

1．C 语言中结构体类型的定义和结构体变量的定义和引用。

2．使用结构指针传递结构数据。

3．结构体类型链表的应用。

4．共用体类型的应用。

一、实验步骤

（1）在 D 盘根目录下面建立一个文件夹，例如：d：\myProject\ch07。

（2）打开 Visual C++6.0 集成开发环境。

（3）建立新的 Win32 Console Application 的工程，工程名为 ch07_1，工程目录为 d:\myProject\ch07\ch07_1。

（4）下列程序的功能是建立两种结构体类型： 一种是身份证，包含的数据项有身份证号码、姓名、性别、年龄；另一种是关于日期，包含的数据项有年、月、日。输入、输出这些数据结构体类型。

源代码如下：

```c
#include "stdio.h"
#define  MAX 2

struct  PersonID
{
    char  ID[18];
    char  name[10];
    char  sex;
    int  age;
}pID[MAX];

struct  y_m_d
{
    int  year;
    int  month;
    int  day;
}date[MAX];

void  printID(struct  PersonID  person[]);
void  printDate(struct   y_m_d  time[]);

void  main()
{
    int  i;
    printf("ID    NAME    SEX    AGE\n");
    for(i=0;i<MAX;i++)
    {
```

```
        scanf("%s    %s    %c    %d",pID[i].ID,pID[i].name,&pID[i].sex,&pID[i].age);
    }

    printf("YEAR     MONTH      DAY\n");
    for(i=0;i<MAX;i++)
    {
        scanf("%d    %d    %d",&date[i].year,&date[i].month,&date[i].day);
    }

    printID(pID);
    printDate(date);

}

void  printID(struct    PersonID  person[])
{
    int  i;
    for(i=0;i<MAX;i++)
    {
        printf("%s      %s      %c    %d",person[i].ID,person[i].name,person[i].sex,
person[i].age);
        putchar('\n');

    }
}

void   printDate(struct     y_m_d  time[])
{
    int  i;
    for(i=0;i<MAX;i++)
    {
        printf("%d    %d    %d",time[i].year,time[i].month,time[i].day);
        putchar('\n');
    }

}
```

二、基本实验

项目一：结构体与共用体使用

下列程序是一个关于教师和学生通用的表格。教师数据项有姓名、年龄、职业、教研室 4 项。学生数据项有姓名、年龄、职业、班级 4 项。编程输入人员数据，再以表格输出。

在 D 盘根目录下面新建文件夹，例如：d：\myProject\ch07\ch07_2，输入如下程序：

```
#include "stdio.h"
#include "conio.h"
struct
{

    char name[10];
    int  age;
    char  job;
    union
    {
       int cla;
       char office[10];
```

```
        }depa;
    }body[2];

    void main()
    {
        int i;
        for(i=0;i<2;i++)
        {
            printf("请输入姓名、年龄、职业、教研室：\n");
            scanf("%s%d%c",body[i].name,&body[i].age,&body[i].job);
            if(body[i].job=='s')
            scanf("%d",&body[i].depa.cla);
            else
            scanf("%s",body[i].depa.office);
        }
        printf("姓名、年龄、职业、班级、教研室");
        for(i=0;i<2;i++)
        {
            if(body[i].job=='s')
            printf("%s\t%3d%3c%d\n",body[i].name,body[i].age,body[i].job,body[i].dep
a.cla);
            else
            printf("%s\t%3d%3c%s",body[i].name,body[i].age,body[i].job,body[i].depa.
office);
        }

        getch();
    }
```

【分析】本例程序用一个结构数组 body 来存放人员数据， 该结构共有 4 个成员。其中成员项 depa 是一个联合类型，这个联合又由两个成员组成，一个为整型量 class，一个为字符数组 office。在程序的第一个 for 语句中， 输入人员的各项数据，先输入结构的前 3 个成员 name、age 和 job，然后判别 job 成员项，如为 "s" 则对联合 depa·class 输入（对学生赋班级编号），否则对 depa·office 输入（对教师赋教研组名）。

在用 scanf 语句输入时要注意，凡为数组类型的成员，无论是结构成员还是联合成员，在该项前不能再加 "&" 运算符。

body[i].name 是一个数组类型， body[i].dep, a.office 也是数组类型，因此，在这两项之间不能加 "&" 运算符。

项目二：结构体和链表使用

建立新的 Win32 Console Application 的工程，工程名为 ch07_3，工程的目录为 d:\myProject\ch07\ch07_3。下列程序是一个关于体操运动员的结构体类型，包含的数据项有号码、姓名、分数。运用链表的知识，建立关于体操运动员的链表，能对该链表进行创建、遍历、插入、删除、排序操作。上机调试并验证该程序，写出程序的运行结果，并且对链表的创建、遍历、插入、删除、排序子功能进行详细的注释。

源代码如下：

```
#include <stdio.h>
#include <malloc.h>

typedef struct gymnast
```

```
{
    long num;
    char name[10];
    int score;
    struct gymnast *next;
} GYM;

GYM * create( );
void print(GYM *head);
GYM * insert(GYM *ap,GYM *bp);
GYM *sort(GYM *head);
GYM *del(GYM *head,long m);
int n;

void main()
{
    GYM *alist,*blist;
    long de;
    alist=create();
    blist=create();
    print(alist);
    print(blist);
    alist=insert(alist,blist);
    print(alist);

    printf("Please input the number you want to delete: \n");
    scanf("%ld",&de);
    alist=del(alist,de);
    print(alist);
}

GYM * create( )
{
    n=0;
    GYM * ath1,* ath2,*head;
    ath1=ath2=(GYM *)malloc(sizeof(GYM));
    printf("NUMBER    NAME    SCORE\n");
    scanf("%ld %s %d",&ath1->num,ath1->name,&ath2->score);
    head=NULL;
    while(ath1->num !=0)
    {
        n=n+1;
        if(n==1)
            head=ath1;
        else
            ath2->next=ath1;
        ath2=ath1;
        ath1=(GYM *)malloc(sizeof(GYM));
        scanf("%ld %s %d",&ath1->num,ath1->name,&ath2->score);
    }

    ath2->next=NULL;
    head=sort(head);
    return head;
}
```

```
void print(GYM *head)
{
    GYM *p;
    p=head;
    printf("NUMBER    NAME    SCORE\n");
    while(p !=NULL)
    {
        printf("%ld    %s    %d",p->num,p->name,p->score);
        p=p->next;
        putchar('\n');
    }
}
GYM * insert(GYM *ap,GYM *bp)
{
    GYM *ap1,*ap2,*bp1,*bp2;
    ap1=ap2=ap;
    bp1=bp2=bp;
    do{

        while(bp1->num>ap1->num && ap1->next!=NULL)
        {
         ap2=ap1;
         ap1=ap1->next;
        }
        if(bp1->num<=ap1->num)
        {
            if(ap1==ap)
                ap=bp1;
            else
                ap2->next=bp1;
        bp1=bp1->next;
        bp2->next=ap1;
        ap2=bp2;

        bp2=bp1;
        }
    }while(ap1->next!=NULL ||(bp1!=NULL && ap1==NULL));
    if(ap1->next==NULL && bp1!=NULL && bp1->num>ap1->num )
        ap1->next=bp1;
    return ap;
}

GYM *sort(GYM *head)
{
    GYM *p1,*p2,*GYMMin;
    long min,current;
    p1=p2=head;
    while(p2->next !=NULL)
    {
        min=p2->num;
        GYMMin=p2;
        p1=p2;
        while(p1->next!=NULL)
        {
            if(p1->num<min)
            {
```

```
                    min=p1->num;
                    GYMMin=p1;
              }
              p1=p1->next;
        }
        if(p1->num<min)
        {
              min=p1->num;
              GYMMin=p1;
        }

              current =p2->num;
              p2->num=min;
              GYMMin->num=current;

        p2=p2->next;
    }

    return head;
}

GYM *del(GYM *head,long m)
{
    GYM *back,*pre;
    pre=back=head;
    int find=0;


    while(pre!=NULL)
    {
        if(pre->num == m)
        {
              pre=pre->next;
              head=pre;
              find=1;
              break;
        }
        else
        {
              pre=pre->next;
              while(pre!=NULL)
              {
                    if(pre->num == m)
                    {
                    back->next=pre->next;
                    find=1;
                    break;
                    }
                    back=pre;
                    pre=pre->next;
              }

              if(!find)
                    printf("%d was not found\n ",m);
              break;
        }
```

```
        }
        return head;
}
```

三、自主练习项目

1．要求编写程序：有 4 名学生，每个学生的数据包括学号、姓名、成绩，要求找出成绩最高者的姓名和成绩。

2．根据工程 ch07_3 的实例，建立一个链表，每个结点包括的成员为：职工号、工资。用一个 creat 函数来建立链表，同时打印出整个链表。5 个职工号为 101、103、105、107、109。

3．在上题基础上，新增加一个职工的数据，按职工号的顺序插入链表，新插入的职工号为106。写一个函数 insert 来插入新结点。

4．在上面的基础上，写一个函数 delete，用来删除一个结点。要求删除职工号为 103 的结点。打印出删除后的链表。

2.7.2　综合实训项目

在成绩管理系统中，要实现 4 大功能即教师管理、学生管理、课程管理和选课管理，在这 4 大功能中，分别对应要保留的信息是教师信息、学生信息、课程信息和选课信息，其中课程信息中包含教师职工号，选课信息中包含学生编号和课程编号，通过这样的设置，就可以将这些信息联系起来。现要求按照所学习的结构体知识和前面的知识，实现如下功能。

（1）教师信息添加、删除、修改和查询功能。

（2）学生信息添加、删除、修改和查询功能。

（3）课程信息添加、删除、修改和查询功能。

（4）选课信息添加、删除、修改和查询功能。

（5）根据教师编号或者姓名，查询该教师授课信息。

（6）根据学生姓名或者学号，查询学生选课及成绩信息。

（7）根据课程名称或者编号，查询学生列表，并给出选择该门课程的最高分、平均分、各分段学生人数、学生成绩的标准差等。

（8）根据课程名称或者编号，按学号显示学生成绩，按分数高低显示学生成绩。

【参考方案】

本方案中采用的是链表操作方式处理信息的维护，程序清单如下：

```
//定义全局变量
studentNode *stuNodeHead;
teacherNode *teaNodeHead;
courseNode  *couNodeHead;
studentScoreNode *sscNodeHead;
//定义全局信息维护函数
void addstudent(studentNode *Head,Student data);
void modifystudent(studentNode *p,char sno[],Student data);
void deletestudent(studentNode *Head,Student data);
void loadstudentlink();
void flushstudent(studentNode *Head);
Student getstudentbyid(studentNode *Head,char sno[]);
                    //如果没有该学生，则返回的学生的学号为-1
```

```
void addteacher(teacherNode *Head,Teacher data);
void modifyteacher(teacherNode *p,Teacher data);
void deleteteacher(teacherNode *Head,Teacher data);
void loadteacherlink(teacherNode *Head);
void flushteacher(teacherNode *Head);
Teacher getTeacherbyid(teacherNode *Head,char tno[]);
                          //如果没有该教师，则返回的教师的职工号为-1
void addCourse(courseNode *Head,Course data);
void modifyCourse(courseNode *p,Course data);
void deleteCourse(courseNode *Head,Course data);
void loadCourselink(courseNode *Head);
void flushCourse(courseNode *Head);
Course getCoursebyid(courseNode *Head,char sno[]);
                          //如果没有该课程，则返回的课程的课程号为-1
void addStudentScore(studentScoreNode *Head,StudentScore data);
void modifyStudentScore(studentScoreNode *p,StudentScore data);
void deleteStudentScore(studentScoreNode *Head,StudentScore data);
void loadStudentScorelink(studentScoreNode *Head);
void flushStudentScore(studentScoreNode *Head);
//实现函数，为了方便阅读，只给出了学生信息维护的一些函数，其他信息维护函数差不多，可以自行参照完成


void loadstudentlink()
{
    Student node;
    FILE *fp;
    studentNode *pre,*q;
    if((fp=fopen("studentlst.a","rt"))==0)
    {
        printf("\n文件打不开，不能加载学生信息!");
        getch();
        return;
    }
    stuNodeHead=NULL;
    fread(&node,sizeof(Student),1,fp);
    while(!feof(fp))
    {
        if(stuNodeHead==NULL)
        {
            stuNodeHead=(studentNode *)malloc(sizeof(studentNode));
            stuNodeHead->data=node;
            stuNodeHead->next=NULL;
            pre=stuNodeHead;
        }else
        {
            q=(studentNode *)malloc(sizeof(studentNode));
            pre->next=q;
            q->data=node;
            q->next=NULL;
            pre=q;
        }
        fread(&node,sizeof(Student),1,fp);
    }
    fclose(fp);
}
```

```
void addstudent(Student data)
{
    studentNode *p,*q;
    p=stuNodeHead;

    while(p!=NULL&&p->next!=NULL)
    {
        q=p->next;
        p=q;
        q=q->next;
    }
    if(p!=NULL)
    {
        if(strcmp(p->data.sno,"-1")!=0)
        {
            p->next=(studentNode *)malloc(sizeof(studentNode));
            p=p->next;
        }
    }
    else
    {
        p=stuNodeHead=(studentNode *)malloc(sizeof(studentNode));
    }
    p->data=data;
    p->next=NULL;
}

void modifystudent(studentNode *p,char sno[],Student data)
{
    if(p==NULL){printf("\n没有学生信息，不能修改！\n");return;}
    while(p!=NULL)
    {
        if(strcmp(p->data.sno,sno)==0)
            break;
        p=p->next;
    }
    if(p!=NULL)
        p->data=data;
}

void deletestudent(studentNode *Head,Student data)
{
    studentNode *pre=Head,*p;
    if(Head==NULL){printf("\n没有学生信息，不能删除！\n");return;}
    if(strcmp(Head->data.sno,data.sno)==0)
    {
        pre=Head->next;
        Head->data=Head->next->data;
        Head->next=Head->next->next;
        free(pre);
    }
    else
    {
        p=pre->next;
        while(p!=NULL)
```

```
            {
                if(strcmp(pre->next->data.sno,data.sno)==0)
                {
                    p=pre->next;
                    pre->next=p->next;
                    free(p);
                    break;
                }
                pre=pre->next;
                p=pre->next;
            }
        }
}

void flushstudent()
{
    FILE *fp;
    studentNode *pre;
    if((fp=fopen("studentlst.a","w"))==0)
    {
        printf("\n 文件打不开，不能保存学生信息!");
        getch();
        return;
    }
    if(stuNodeHead==NULL){printf("\n 没有学生信息，不能保存! \n");return;}
    pre=stuNodeHead;
    while(pre!=NULL)
    {
        fwrite(&pre->data,sizeof(Student),1,fp);
        pre=pre->next;
    }
    fclose(fp);
}
Student getstudentbyid(studentNode *Head,char sno[])
{
    Student node;
    strcpy(node.sno,"-1");
    while(Head!=NULL&&strcmp(Head->data.sno,sno)!=0)
    {
        Head=Head->next;
    }
    if(Head!=NULL)
    {
        return Head->data;
    }
    return node;
}

//定义学生信息操作函数
/*显示一条学生记录*/
void listOne_std(Student s)
{
    printf("\n该学生记录如下: ");
    printf("\n====================================================\n\n");
```

```
        printf("%-9s%-9s%-9s%-9s%-9s%-9s%-9s\n","学号","姓名","性别","出生年月","班级","
用户名","密码");
    printf("%-9s%-9s%-9s%-9s%-9s%-9s%-9s\n\n",s.sno,s.name,s.sex,s.borth,s.grass,s.use
rname,s.pass);
    }


/*根据学号查询学生记录*/
void find_std()
{
    char sno[6];
    Student temp;

    printf("\t\t 请输入学生学号: ");
    gets(sno);
    temp=getstudentbyid(stuNodeHead,sno);
    if (strcmp(temp.sno,"-1")!=0)
        listOne_std(temp);
    else
        printf("\n\t\t 您所输入的学生学号有误或不存在! ");
    printf("\n\t\t 按任意键返回主菜单......");
    getch();
}

/*添加学生记录*/
void add_std()
{
    char sno[6];
    Student stu1,temp;
    loadstudentlink();
    printf("\t\t 请输入学生学号: ");
    gets(sno);
    temp=getstudentbyid(stuNodeHead,sno);
    if (strcmp(temp.sno,"-1")==0)/*如果不存在该学生成绩记录,则添加*/
    {
        strcpy(stu1.sno,sno);
        printf("\t\t 请输入学生姓名: ");
        gets(stu1.name);
        printf("\t\t 请输入该学生的性别:");
        gets(stu1.sex);
        printf("\t\t 请输入该学生的出生年月:");
        gets(stu1.borth);
        printf("\t\t 请输入该学生的班级:");
        gets(stu1.grass);
        printf("\t\t 请输入该学生的用户名:");
        gets(stu1.username);
        printf("\t\t 请输入该学生的密码:");
        gets(stu1.pass);
        addstudent(stu1);
        flushstudent();
    }
    else
        printf("\n\t\t 您所输入的学生学号已存在! ");
```

```
        printf("\n\t\t 按任意键返回主菜单......");
        getch();
}

/*修改学生记录*/
void modify_std()
{
        char sno[6];   /*接收学生学号字符数组*/
        //int i;
        Student stu1,temp;
        printf("\t\t 请输入学生学号：");
        gets(sno);
        temp=getstudentbyid(stuNodeHead,sno);
        if (strcmp(temp.sno,"-1")!=0)/*如果不存在该学生记录，则添加*/
        {
                listOne_std(temp);
                strcpy(stu1.sno,sno);
                printf("\t\t 请输入学生姓名：");
                gets(stu1.name);
                printf("\t\t 请输入该学生的性别:");
                gets(stu1.sex);
                printf("\t\t 请输入该学生的出生年月:");
                gets(stu1.borth);
                printf("\t\t 请输入该学生的班级:");
                gets(stu1.grass);
                printf("\t\t 请输入该学生的用户名:");
                gets(stu1.username);
                printf("\t\t 请输入该学生的密码:");
                gets(stu1.pass);
                modifystudent(stuNodeHead,sno,stu1);
                flushstudent();
        }
        else
                printf("\n\t\t 您所输入的学生学号有误或不存在! ");
        printf("\n\t\t 按任意键返回主菜单......");
        getch();
}

/*删除学生成绩记录*/
void del_std()
{
        char sno[6];
        Student temp;

        printf("\t\t 请输入学生学号：");
        gets(sno);
        temp=getstudentbyid(stuNodeHead,sno);
        if (strcmp(temp.sno,"-1")!=0)
        {
                deletestudent(stuNodeHead,temp);
                flushstudent();
```

```
        }
        else
                printf("\n\t\t 您所输入的学生学号有误或不存在！");

        printf("\n\t\t 按任意键返回主菜单......");
        getch();
    }

    void list_std()
    {
        //Student stu1,temp;
        studentNode *pre;
        pre=stuNodeHead;
        printf("\n 所有学生记录如下：");
        printf("\n====================================================\n\n");
        printf("%-9s%-9s%-9s%-9s%-9s%-9s%-9s\n","学号","姓名","性别","出生年月","班级","用户名","密码");
        while(pre!=NULL)
    {printf("%-9s%-9s%-9s%-9s%-9s%-9s%-9s\n",pre->data.sno,pre->data.name,pre->data.sex,pre->data.borth,pre->data.grass,pre->data.username,pre->data.pass);
        pre=pre->next;
        }
        printf("\n\t\t 按任意键返回主菜单......");
        getch();
    }
```

注意本方案中没有给出学生成绩分析处理模块，大家可以结合前面的内容，自行修改程序实现，另外有关函数部分的知识，建议参考主教材第 8 章。

2.8　函数及编译预处理

2.8.1　基础实训项目

【基础实验项目】函数及其调用。

【项目目的】

1．掌握 C 语言中无参函数和有参函数的定义和调用规则，能正确定义形式参数与实际参数。

2．理解参数传递的过程。

3．掌握 C 语言函数的声明及函数递归调用。

【预备知识】

1．函数的概念、定义格式、声明格式、调用规则及调用过程中数据的传递方法。

2．函数的嵌套调用和递归调用。

3．全局变量和局部变量的定义，动态变量和静态变量的定义。

【项目内容】

1．定义函数的方法。

2．函数的形参与实参的对应关系以及"值传递"的方式。

3．函数的嵌套调用和递归调用的方法。

4．全局变量和局部变量以及静态变量的概念和使用方法。

一、实验步骤

（1）在 D 盘根目录下面建立一个文件夹，例如：d:\myProject\ch08。

（2）打开 Visual C++6.0 集成开发环境。

（3）建立新的 Win32 Console Application 的工程和程序，编译运行。

二、基本实验

项目一：掌握 C 语言中无参函数和有参函数的定义和调用规则，能正确定义形式参数与实际参数

建立新的 Win32 Console Application 的工程，工程名为 ch08_1，工程目录为 d:\myProject\ch08\ch08_1。

下列程序的功能是从键盘上输入若干个数据按照升序排序。请调试检查该程序中的错误，记录系统给出的出错信息，并指出出错的原因。

源程序代码如下：

```c
#include "stdio.h"

void main()
{
    void sort(int x[],int n);
    int i,k;
    float s[10],j;
    printf("请输入数字:\n");
    for(i=0;scanf("%f",&j);i++)
    s[i]=j;
    sort(s[10],10);
    for(k=0;k<i;k++)
    printf("%f",s[k]);
    printf("\n");

}

void sort(int x[ ],int n)
{
    int i,j,temp,min;
    for(i=0;i<n-1;i++)
    {
        min=i;
        for(j=i+1;j<n;j++)
        if(x[j]<x[min])
        min=j;
        if(min!=i)
        {
            temp=x[i];
            x[i]=x[min];
            x[min]=temp;
        }
    }
}
```

　　错误提示： 形参和实参的数据类型不一致；一般形参数组在说明时不指定数组的长度，而仅给出类型、数组名和一对方括号；用户自定义函数 sort() 没有声明过。注意：for(i=0;scanf("%f",&j);i++) 这一行中 for 语句的第 2 个表达式的使用形式，此处用了 scanf() 函数的输出来结束循环。请读者查阅相关资料，看看什么时候 scanf() 函数返回为 0，此时就可以结束循环。

　　正确的程序如下：

```
#include "stdio.h"

void main()
{
    void sort(int x[],int  n);
    int i,k;
    int  s[10],j;
    printf("请输入数字:\n");
    for(i=0;scanf("%d",&j);i++)
    s[i]=j;
    sort(s,10);
    for(k=0;k<i;k++)
    printf("%d\n",s[k]);
    printf("\n");

}

void sort(int  x[],int  n)
{
    int  i,j,temp,min;
    for(i=0;i<n-1;i++)
    {
        min=i;
        for(j=i+1;j<n;j++)
        if(x[j]<x[min])
        min=j;
        if(min!=i)
        {
            temp=x[i];
            x[i]=x[min];
            x[min]=temp;
        }
    }
}
```

项目二：函数调用过程中形式参数、实际参数的关系

　　建立新的 Win32 Console Application 的工程，工程名为 ch08_2，工程目录为 d:\myProject\ch08\ch08_2。调试下列程序，注意函数调用过程中形式参数、实际参数的关系。

　　源程序代码如下：

```
#include "stdio.h"

void main()
{
    void fun(int  i,int j,int  k);
    int x,y,z;
    x=y=z=6;
```

```
        fun(x,y,z);
        printf("x=%d;y=%d;z=%d\n",x,y,z);
}

void  fun(int i,int j,int k)
{
        int  t;
        t=(i+j+k)*2;
        printf("t=%d\n",t);
}
```

建立新的 Win32 Console Application 的工程，工程名为 ch08_3，工程的目录就为 d:\myProject\ch08\ch08_3。

源程序代码如下：

```
#include <stdio.h>

void main()
    {
        int x=10,y=20;
        void  swap (int ,int);
        printf("(1)in main : x=%d,y=%d\n",x,y);
        swap(x,y);
        printf("(4)in main : x=%d,y=%d\n",x,y);
    }
void swap (int m,int n)
    {
        int  temp;
        printf("(2)in main : m=%d,n=%d\n",m,n);
        temp=m;m=n;n=temp;
        printf("(3)in main : m=%d,n=%d\n",m,n);
    }
```

把用户自定义函数 swap() 中的形式参数 m 和 n 对应改成 x 和 y，使其与实参变量同名，再用 <F7> 键跟踪程序的运行，看看有什么变化。

【相关知识总结】

形式参数具有"用之则建，用完则撤"的特点。在函数定义时，函数名后面圆括号内的参数称为形式参数，简称形参；在函数调用时，函数名后面圆括号内的参数称为实际参数，简称实参。对于实参，在调用函数中对其进行定义时，不仅指明它的类型，而且系统还为其分配存储单元。而对于形参，定义时仅仅只是指明它的类型，并不在内存中为它分配存储单元，只是在调用才为其分配临时存储单元。函数执行结束，返回调用函数时，立即撤销该存储单元。

项目三：函数的返回值

建立新的 Win32 Console Application 的工程，工程名为 ch08_4，工程的目录就为 d:\myProject\ch08\ch08_4，并输入下列程序（下列程序的功能是实现判定输入的整数是否为素数）。

源程序代码如下：

```
#include  "stdio.h"

void  main()
{
```

```
    int  prime(int);                        /* 声明求素数函数*/
    int  n;
    printf("\n请输入一个整数:");
    scanf("%d",&n);
    if(prime(n))                            /* 调用求素数函数*/
    printf("\n %d is  a prime.\n",n);
    else
    printf("\n %d is not a prime.\n",n);
}

int  prime(int n)                          /* 求素数的函数*/
{
    int  flag=1,i;
    for(i=2;i<n/2&&flag==1;i++)
    if(n%i==0)
    flag=0;
    return(flag);

}
```

项目四：函数的递归调用

建立新的 Win32 Console Application 的工程，工程名为 ch08_5，工程的目录就为 d:\myProject\ch08\ch08_5，并输入下列程序。下列程序实现从键盘输入一段字符串，然后实现反转输出，采用递归方法实现，请上机调试，写出整个递归值的传递过程。

源程序代码如下：

```
#include <stdio.h>
#include <string.h>
char String[30];
int Length;

void Rev(int N) {
if(N<Length) {
    Rev(N+1);
    printf("%c",String[N]);
}
}

void main()
{
    printf("请输入字符串 : ");
    scanf("%s",String);
    Length = strlen(String);
    printf("字符串反转输出为 : ");
    Rev(0);
    printf("\n");
}
```

【相关知识总结】

函数的递归调用方式有两种：直接递归调用和间接递归调用。本实例采用的是直接递归调用，直接递归调用通常是把一个大型复杂的问题层层转换为一个与原问题相似的规模较小的问题来求解，递归策略只需少量的程序就可描述解题过程所需要的多次重复的计算，实现比较简洁的程序。

项目五：变量的作用范围

建立新的 Win32 Console Application 的工程，工程名为 ch08_6，工程的目录就为 d:\myProject\ch08\ch08_6，输入下列程序。阅读程序，写出预习结果，上机验证并写出变量的作用范围。

源程序代码如下：

```
#  define  LOW  10
#  define  HIGH  5
#  define  CHANGE  2
int  i = LOW ;
#include <stdio.h>
void main( )
   {     int  workover ( int  i ) , reset ( int  i );
         int  i = HIGH ;
         reset ( i / 2) ;
         printf(" i = %d \n ", i );
         reset ( i = i / 2) ;
         printf(" i = %d \n ", i );
         reset ( i / 2) ;
         printf(" i = %d \n ", i );
         workover ( i );
         printf(" i = %d \n ", i );
   }
int workover ( int  i )
{     i = ( i % i ) * (( i * i ) / ( 2 * i ) + 4) ;
      printf(" i = %d \n ", i );
      return ( i );
}
int  reset ( int  i )
{    i = i <= CHANGE ? HIGH :  LOW ;
     return ( i );
}
```

局部变量具有"变量用之不尽，一写就走"的特点。

全局变量：在所有函数外面定义的变量，其有效范围到整个源程序结尾；局部变量：在函数内部定义的变量或在函数头部定义的形参，其有效范围只在所定义的函数，局部变量具有"用之则建，用完则撤"的特点。在不同函数内定义的变量同名互不干扰。如果一个源程序中的局部变量和全局变量同名，则局部变量优先。

项目六：静态局部变量的运用

建立新的 Win32 Console Application 的工程，工程名为 ch08_7，工程的目录就为 d:\myProject\ch08\ch08_7，输入下列程序。观察静态局部变量在调用过程中的变化。

源程序代码如下：

```
#include <stdio.h>

void main( )
    {   int    i ;
        int   f(int);
        for( i = 1; i <= 5; i ++)
                printf( "(%d): % d\n", i,f(i));
        printf(" \n");
    }
```

```
int f ( int n)
    {  static int  j = 1;
       j = j * n;
       return( j );
    }
```

【相关知识】

静态局部变量：如果希望在函数调用结束后仍然保留函数中定义的局部变量的值，则可以将该局部变量定义为静态局部变量（或称局部静态变量）。静态局部变量具有这样一些特点：①全局寿命：静态局部变量的数据存储在静态存储区的存储单元中，在函数调用结束后，它的值并不消失，直到整个应用程序执行结束，它的存储空间才被收回去。②局部可见性：其作用域只在定义它的函数内部，尽管它的值在函数调用结束后并不消失，但其他函数仍然不能访问它，在进入到它所在的函数内，它的值才可见。③初始化的特点：若在定义该局部变量时有赋初值的，则赋初值只在编译过程中进行，只赋值一次；若没有赋初值，则默认的初值为 0（数值型）或空字符（字符型）。

三、自主练习项目

1．设计两个函数，分别用于求两个整数的最大公约数和最小公倍数，两个整数由键盘输入，用主函数调用这两个函数并输出结果。

2．编写子函数 fun，函数的功能：根据以下公式计算 S，计算结果作为函数值返回；n 通过形参传入。

$S=1+1/(1+2)+1/(1+2+3)+...+1/(1+2+3+...+n)$

例如：若 n 的值为 11 时，函数的值为 1.833333。

3．编写子函数 fun，它的功能：求 Fibonacci 数列中大于 $t(t>3)$ 的最小数，结果由函数返回。其中 Fibonacci 数列 F(n)的定义为：

F(0)=0，F(1)=1

F(n)=F(n-1)+F(n-2)

假如：当 t=1000 时，函数值为 1597。

2.8.2　综合实训项目

在学生成绩管理系统中，有很多功能要求实现，按照前面讲的结构化、模块化设计思路，这些功能最好按照函数的方式实现。要求：

（1）设计函数，返回一个数组中的最大数；

（2）设计函数，返回一个数组中的最小数；

（3）设计函数，返回一个数组的平均值；

（4）设计函数，对数组按照指定的要求排序。

【参考方案】

```
StudentScore max(studentScoreNode *p)
{
    StudentScore max;
    if(p!=NULL)
        max=p->data;
    else
        max.score=-1;
```

```
    while(p!=NULL)
    {if(p->data.score>max.score)max=p->data;
    p=p->next;
    }
    return max;
}

StudentScore min(studentScoreNode *p)
{
    StudentScore min;
    if(p!=NULL)
        min=p->data;
    else
        min.score=-1;
    while(p!=NULL)
    {if(p->data.score<min.score)min=p->data;
    p=p->next;
    }
    return min;
}

float avg(studentScoreNode *p)
{
    float sum=0;
    int j=0;
    while(p!=NULL)
    {
        sum+=p->data.score;
        j++;
        p=p->next;
    }
    if(j>0)
        return sum/j;
    return sum;
}

void mysort(studentScoreNode **p,int flag)
{
    studentScoreNode *q,*pre;
    int n=1,frist=1;
    pre=q=*p;
    if(q->next==NULL)return;
    while(n>0)
    {
        pre=*p;
        while(pre->next!=NULL&&n>0)
        {
            if(flag==1)
            {
                if(pre->data.score>pre->next->data.score)
                {
                    q=pre->next->next;
                    pre->next->next=pre;
                    pre->next=q;
                    if(frist==1)
                    {n++;
```

```
                        frist=0;
                    }
                }
        }
        else
        {
                if(pre->data.score<pre->next->data.score)
                {
                    q=pre->next->next;
                    pre->next->next=pre;
                    pre->next=q;
                    if(frist==1)
                    {n++;
                    frist=0;
                    }
                }
            }
        }
        n=n-1;
    }
}
```

2.9 指　　针

2.9.1　基础实训项目

【基础实验项目】指针的使用。

【项目目的】

1. 熟悉指针的正确用法。

2. 掌握指针与变量、指针与数组的关系。

3. 了解指针参数的特殊性。

4. 掌握函数、指针、数组的用法。

5. 掌握指针数组、函数指针的用法。

【预备知识】

1. 复习指针的定义、赋值和操作（存储单元的引用，移动指针的操作，指针的比较）。

2. 了解取地址运算符（＆）和间接运算符（＊）的功能。

3. 理解数组元素的多种表达形式。

一、项目内容

1. 指针变量的定义与应用。

2. 指针与变量、指针与数组的相互赋值应用。

3. 用数组指针作为函数参数。

4. 字符指针和字符串的使用。

5. 指针数组的定义和使用。

6. 熟悉 Visual C++6.0 集成开发环境下调试指针程序的方法。

二、基本实验

项目一：指针的值与指针指向的变量值的区别

（1）在 D 盘根目录下面建立一个文件夹，例如：d:\myProject\ch09。

（2）打开 Visual C++6.0 集成开发环境。

（3）建立新的 Win32 Console Application 的工程，工程名为 ch09_1，工程目录为 d:\myProject\ch09\ch09_1。

（4）上机验证下列程序，并写出运行的结果。

源代码如下：

```
#include  "stdio.h"
main()
{
    int    num_int=12,*p_int;        /*定义一个指向 int 型数据的指针变量 p_int*/
    float  num_f=3.14,*p_f;          /*定义一个指向 float 型数据的指针变量 p_f*/
    char   num_ch='p',*p_ch;         /*定义一个指向 char 型数据的指针变量 p_ch*/
    p_int=&num_int;                  /*取变量 num_int 的地址，赋给 p_int*/
    p_f=&num_f;                      /*取变量 num_f 的地址，赋值给 p_f*/
    p_ch=&num_ch;                    /*取变量 num_ch 的地址，赋值给 p_ch*/
    printf("num_int=%d,*p_int=%d\n",num_int,*p_int);
    printf("num_f=%4.2f,*p_f=%4.2f\n",num_f,*p_f);
    printf("num_ch=%c,*p_ch=%c\n",num_ch,*p_ch);
    printf("%d,%d,%d\n",p_int,p_f,p_ch);
}
```

【相关知识总结】

① 指针的值与指针指向的变量的值的区别。

② 指针变量的定义与一般变量的定义相比，除变量名前多了符号"*"外，其余一样。

数据类型　*指针变量 1，*指针变量 2……；

③ 取地址运算符格式：&变量。

注意　　　　　指针变量只能存放指针（地址），且只能是相同类型变量的地址。

项目二：指针指向数组的方法，指针表示数组元素的方法

建立新的 Win32 Console Application 的工程，工程名为 ch09_2，工程目录为 d:\myProject\ch09\ch09_2。上机验证下列程序，并写出运行结果。

源代码如下：

```
# include "stdio.h"
void  main()
{
    int i,a[]={1,2,3},*p;
    p=a;
    for(i=0;i<3;i++)
    {
        printf("%d,%d,%d,%d\n",a[i],p[i],*(p+i),*(a+i));
    }
}
```

【相关知识总结】

① 指针指向数组的方法。

② 指针表示数组元素的方法。

③ 数组元素的多种表示方法。

项目三：用数组名加地址偏移量表示数组元素地址的方法，指针变量作为函数参数

建立新的 Win32 Console Application 的工程，工程名为 ch09_3，工程目录为 d:\myProject\ch09\ch09_3。上机验证下列程序，并写出运行结果。该程序将数组 a 中的 n 个整数按相反的顺序存放。

源程序代码如下：

```
# include "stdio.h"
void  inv(int x[],int  n)
{
    int m,temp,i,j;
    m=(n-1)/2;
    for(i=0;i<m;i++)
    {
        j=n-1-i;
        temp=x[i];x[i]=x[j];x[j]=temp;
    }
}

void  main()
{
    int  i,*p,a[10]={3,8,19,21,0,6,7,5,4,2};
    p=a;
    inv(p,10);                      /*数组指针 p 作为实参*/
    for(i=0;i<10;i++)
    printf("%d,",a[i]);             //下标访问方法
    printf("\n");
}
```

还可以将形参修改为指针变量。

```
# include "stdio.h"
void  inv(int *x,int n)            /*指针变量作为形参*/
{
    int *p,m,t,*i,*j;
    m=(n-1)/2;
    i=x;
    j=x+n-1;
    p=x+m;
    for(;i<=p;i++,j--)
    {
        t=*i;
        *i=*j;
        *j=t;
    }
}
```

```
void main()
{

    int  a[10]={3,8,19,21,0,6,7,5,4,2};
    int *p;
    p=a;
    inv(p,10);                    /*数组指针作为实参*/
    for(p=a;p<a+10;p++)
        printf("%d,",*p);
    printf("\n");

}
```

【相关知识】

① 用数组名加地址偏移量表示数组元素地址的方法。

② 数组名作为函数参数。

③ 指针变量作为函数参数。

项目四：二维数组与指针

建立新的 Win32 Console Applicaiton 的工程，工程名为 ch09_4，工程的目录就为 d:\myProject\ch09\ch09_4，上机验证下列程序，并写出运行结果。

源程序代码如下：

```
#include <stdio.h>
#include <stdlib.h>

void average(float *point, int n);
void search(float (*point)[4], int n);

int main(int argc, char *argv[])
{
    int num;

    static float score[4][4] = {{76, 90, 92, 87},{68, 78, 69, 94},{89, 82, 81, 60},{81, 68, 60, 97}};
    printf("班级的总平均分：");
    average(*score, 16);

    printf("请输入学生的学号(0-3)：");
    scanf("%d", &num);
    search(score, num);

    system("pause");
    return 0;
}

void average(float *point, int n)
{
    float *p_end;
    float aver;
    float sum = 0;
    p_end = point + n - 1;
    for(; point <= p_end; point++)
        sum = sum+(*point);
```

```
    aver = sum/n;
    printf("%5.2f\n",aver);
}

void search(float (*point)[4], int n)
{
    int i;
    for(i = 0; i < 4; i++)
        printf("%5.2f,",*(*(point+n)+i));
    printf("\n");
}
```

【相关知识】

① 二维数组与指针。

② 数组指针的概念与使用。

项目五：指针指向字符串的方法

建立新的 Win32 Console Applicaiton 的工程，工程名为 ch09_5，工程的目录就为 d:\myProject\ch09\ch09_5，上机验证下列程序，并写出运行结果。

源程序代码如下：

```
#  include "stdio.h"

void  main()
{
    char  ch,*pc="C  language  program!",*p;

    printf("Enter  a  character:");

    scanf("%c",&ch);
    p=pc;
    while(*p!='\0'&&*p!=ch)
    p++;

    if(*p==ch)
    printf("The  character  %c  is  %d  th\n",ch,p-pc+1);

    else
    printf("The  character  not found\n");

}
```

【相关知识】

① 指针指向字符串的方法。

② 在字符串中查找字符的方法。

项目六：多级指针与字符数组的操作

建立新的 Win32 Console Applicaiton 的工程，工程名为 ch09_6，工程的目录就为 d:\myProject\ch09\ch09_6，上机验证下列程序，并写出运行结果。

源程序代码如下：

```
#  include  "stdio.h"
void  main()
{
```

```
char  *a[]={"basic","fortran","cobol"};
char  **m;
void  f(char  **);
m=a;
f(m);
}


void f(char  **n)
{
printf("%s",*++n);

}
```

【相关知识】

① 多级指针的使用。

② 多级指针与字符数组的操作。

2.9.2　综合实训项目

在学生成绩管理系统中，除了对成绩数据进行计算外，还要对成绩数据做一些修改，查询操作。现要求：

（1）能对指定学号、指定科目的成绩做修改；

（2）给定序号和科目返回对应的成绩；

（3）删除指定学号的所有成绩；

（4）按照指定科目，重新排序数据。

【参考方案】

```
void modifyStudentScore(studentScoreNode *p,char sno[],char cno[],StudentScore data)
{
    if(p==NULL){printf("\n 没有学生成绩信息，不能修改！\n");return;}
    while(p!=NULL)
    {
        if(strcmp(p->data.sno,sno)==0&&strcmp(p->data.cno,cno)==0)
            break;
        p=p->next;
    }
    if(p!=NULL)
        p->data=data;
}
void deleteStudentScore(studentScoreNode *Head,StudentScore data)
{
    studentScoreNode *pre=Head,*p;
    if(Head==NULL){printf("\n 没有学生成绩信息，不能删除！\n");return;}
    if(strcmp(Head->data.sno,data.sno)==0&&strcmp(Head->data.cno,data.cno)==0)
    {
        pre=Head->next;
        Head->data=Head->next->data;
        Head->next=Head->next->next;
        free(pre);
    }
```

```
        else
        {
                p=pre->next;
                while(p!=NULL)
                {
if(strcmp(pre->next->data.sno,data.sno)==0&&strcmp(pre->next->data.cno,data.cno)==0)
                        {
                                p=pre->next;
                                pre->next=p->next;
                                free(p);
                                break;
                        }
                        pre=pre->next;
                        p=pre->next;
                }
        }
}
```

//按照学号获取成绩列表
```
studentScoreNode* getStudentScorebystuid(studentScoreNode *Head,char sno[])
{
    studentScoreNode *tmps,*p;
    tmps=p=NULL;
    while(Head!=NULL&&strcmp(Head->data.sno,sno)!=0)
    {
        if(tmps==NULL)
        {tmps=(studentScoreNode *)malloc(sizeof(studentScoreNode));
        tmps->data=Head->data;
        tmps->next=NULL;
        p=tmps;
        }
        else
        {
                p->next=(studentScoreNode *)malloc(sizeof(studentScoreNode));
                p->next;
                p->data=Head->data;
                p->next=NULL;
        }
        Head=Head->next;
    }
    return tmps;
}
```

//按照课程号获取成绩列表
```
studentScoreNode* getStudentScorebycnoid(studentScoreNode *Head,char sno[])
{
    studentScoreNode *tmps,*p;
    tmps=p=NULL;
    while(Head!=NULL&&strcmp(Head->data.cno,sno)!=0)
    {
        if(tmps==NULL)
        {tmps=(studentScoreNode *)malloc(sizeof(studentScoreNode));
        tmps->data=Head->data;
        tmps->next=NULL;
        p=tmps;
        }
```

```
        else
        {
                p->next=(studentScoreNode *)malloc(sizeof(studentScoreNode));
                p->next;
                p->data=Head->data;
                p->next=NULL;
        }
        Head=Head->next;
    }
    return tmps;
}
```

//按照给定的方式排序成绩
```
void mysort(studentScoreNode **p,int flag)
{
    studentScoreNode *q,*pre;
    int n=1,frist=1;
    pre=q=*p;
    if(q->next==NULL)return;
    while(n>0)
    {
        pre=*p;
        while(pre->next!=NULL&&n>0)
        {
                if(flag==1)
                {
                        if(pre->data.score>pre->next->data.score)
                        {
                                q=pre->next->next;
                                pre->next->next=pre;
                                pre->next=q;
                                if(frist==1)
                                {n++;
                                frist=0;
                                }
                        }
                }
                else
                {
                        if(pre->data.score<pre->next->data.score)
                        {
                                q=pre->next->next;
                                pre->next->next=pre;
                                pre->next=q;
                                if(frist==1)
                                {n++;
                                frist=0;
                                }
                        }
                }
        }
        n=n-1;
    }
}
```

2.10 链 表

2.10.1 基础实训项目

【基础实验项目】链表的使用。

【项目目的】

1. 理解和掌握单链表的类型定义方法和结点生成方法。

2. 掌握建立单链表和显示单链表元素的算法。

3. 掌握单链表的插入和删除算法。

【预备知识】

关于线性表的链表存储结构的本质是在逻辑上相邻的两个数据元素 a_{i-1}、a_i，在存储地址中可以不相邻，即地址不连续（当然也可以相邻）。

```
typedef  struct LNode
    { ElemType data;
       struct LNode *next;
    }LNode;
```

【项目内容】

一、实验步骤

（1）在 D 盘根目录下面新建一个文件夹，例如：d:\myProject\ch10。

（2）打开 Visual C++6.0 集成开发环境。

（3）建立新的 Win32 Console Application 的工程，工程名为 ch10_1，工程目录为 d:\myProject\ch10\ch10_1。

（4）上机验证下列程序，并写出运行的结果。

下列程序完成功能：① 建立一个单链表，并从屏幕显示单链表元素列表；② 现要删除链表某位置上的元素，并保持链表原有的顺序不变，请在给出的程序中加入一个删除函数，实现上述功能要求。其中 ElemType delete_L(LNode *L,int i)为删除函数的原型，L 表示链表，i 表示插入位置。注意菜单中给出了菜单项，请在 switch 语句给出调用语句，在主函数中加入删除函数，并注意判断表为空的情况。

本程序是一个比较完整的、子函数较多的源程序。本程序中使用菜单设计方法，此方法也可为其他程序所用。

实验源代码：

```
#include <stdio.h>
#include <stdlib.h>
#include <math.h>
typedef int ElemType;
typedef  struct LNode
    { ElemType data;
       struct LNode *next;
    }LNode;
LNode *L;
LNode *creat_L();
void  out_L(LNode *L);
```

```
void  insert_L(LNode *L,int i ,ElemType e);
ElemType delete_L(LNode *L,int i);
int locat_L(LNode *L,ElemType e);
void main( )
{
int i,k,loc;
ElemType e,x;
char ch;
do {
printf("\n\n\n");
        printf("\n\n    1.建立线性链表 ");
        printf("\n\n    2.在 i 位置插入元素 e");
        printf("\n\n    3.删除第 i 个元素，返回其值");
        printf("\n\n    4.查找值为 e 的元素");
        printf("\n\n    5.结束程序运行");
        printf("\n===================================");
        printf("\n    请输入您的选择 (1,2,3,4,5)");
scanf("%d",&k);
        switch(k)
         {
          case 1:{  L=creat_L( );
out_L(L);
                   } break;
          case 2:{ printf("\n i,e=?");
scanf("%d,%d",&i,&e);
                   insert_L(L,i,e);
 out_L(L);
                 } break;
          case 3:{ printf("\n i=?");
scanf("%d",&i);
                x=delete_L(L,i);
 out_L(L);
                   if(x!=-1) printf("\n x=%d\n",x);
                   } break;
          case 4:{ printf("\n e=?");
scanf("%d",&e);
                  loc=locat_L(L,e);
                  if (loc==-1) printf("\n 未找到 %d",loc);
                     else printf("\n 已找到，元素位置是 %d",loc);
                } break;
          }
    printf("\n ----------------");
    }while(k>=1 && k<5);
    printf("\n           再见! ");
    printf("\n    按回车键，返回。"); ch=getch();
}
LNode *creat_L( )
{
 LNode *h,*p,*s;
ElemType x;
h=(LNode *)malloc(sizeof(LNode));
 h->next=NULL;
 p=h;
```

```
     printf("\n  data=?");
     scanf("%d",&x);
     while( x!=--111)
     {
s=(LNode *)malloc(sizeof(LNode));
     s->data=x;
s->next=NULL;
     p->next=s;
p=s;
     printf("data=?( -111 end) ");
scanf("%d",&x);
     }
      return(h);
     }


     void out_L(LNode *L)
     {
LNode *p;
char ch;
     p=L->next;
     printf("\n\n");
     while(p!=NULL)
     {
 printf("%5d",p->data);
p=p->next;
     };
     printf("\n\n 按回车键，继续。");
 ch=getch();
     }


     void insert_L(LNode *L , int i, , ElemType e)
     {
LNode *s,*p,*q;
     int j;
     p=L;
     j=0;
     while (p!=NULL && j<i-1)
     {
 p=p->next;
j++;
}
     if (p==NULL || j>i-1)
printf("\n i ERROR !");
     else
     {
s=(LNode *)malloc(sizeof(LNode));
     s->data=e;
     s->next=p->next;
     p->next=s;
     }
     }


     int locat_L(LNode *L , ElemType e)
     {
LNode *p;
```

```
   int j=1;
     p=L->next;
     while (p!=NULL && p->data!=e)
  {
p=p->next;
j++;
}
     if (p!=NULL)
return(j);
 else
return(-1);
 }

 ElemType delete_L(LNode *L,int i)
 {
LNode *s,*p,*q;
int j;
p=L;
j=0;
while(p!=NULL&&j<i-1)
{  p=p->next;
j++;
}
if (p==NULL || j>i-1 )
printf("\n i ERROR !");
 else
{ s=p;
      p=p->next;
      s->next=p->next;
      return(p->data);
      p->data=NULL;
      }
 }
```

二、基本实验

项目一：共用体与链表的使用

建立新的 Win32 Console Application 的工程，工程名为 ch10_2，工程的目录就为 d:\myProject\ch10\ch10_2。下列程序关于一个教师与学生通用的表格，教师数据有姓名、年龄、职业、教研室4 项。学生有姓名、年龄、职业、班级 4 项。编程输入人员数据，再以表格输出。上机调试并验证下列程序，写出运行结果，并对程序进行注释。写出共用体结构类型的优点。

源代码如下：

```
#include <stdio.h>
struct
{
    char name[10];
    int age;
    char job;
    union
    {
        int cla;
        char office[10];
    } depa;
}body[2];
```

```
void main()
{
    int i;
    for(i=0;i<2;i++)
    {
        printf("Input name,age,job and department\n");
        scanf("%s %d %c",body[i].name,&body[i].age,&body[i].job);
        if(body[i].job=='s')
            scanf("%d",&body[i].depa.cla);
        else
            scanf("%s",body[i].depa.office);
    }
printf("name\tage job class/office\n");
    for(i=0;i<2;i++)
    {
        if(body[i].job=='s')
printf("%s\t%3d %3c %d\n",body[i].name,body[i].age,body[i].job,body[i].depa.cla);
        else
printf("%s\t%3d %3c %s\n",body[i].name,body[i].age,body[i].job,body[i].depa.office);
    }
}
```

分析：本例程序用一个结构数组 body 来存放人员数据，该结构共有 4 个成员。其中成员项 depa 是一个联合类型，这个联合又由两个成员组成，一个为整型量 class，一个为字符数组 office。在程序的第一个 for 语句中，输入人员的各项数据，先输入结构的前 3 个成员 name、age 和 job，然后判别 job 成员项，如为"s"则对联合 depa·class 输入（对学生赋班级编号），否则对 depa·office 输入（对教师赋教研组名）。

在用 scanf 语句输入时要注意，凡为数组类型的成员，无论是结构成员还是联合成员，在该项前不能再加"&"运算符。

body[i].name 是一个数组类型， body[i].dep，a.office 也是数组类型，因此在这两项之间不能加"&"运算符。

项目二：链表的创建、遍历、插入、删除、排序操作

建立新的 Win32 Console Application 的工程，工程名为 ch10_3，工程的目录就为 d:\myProject\ch10\ch10_3。下列是程序是一个关于体操运动员的结构体类型，包含的数据项有号码、姓名、分数。运用链表的知识，建立关于体操运动员的链表，能对该链表进行创建、遍历、插入、删除、排序操作。上机调试并验证该程序，写出程序的运行结果，并且对链表的创建、遍历、插入、删除、排序子功能进行详细的注释。

源代码如下：

```
#include <stdio.h>
#include <malloc.h>

typedef struct gymnast
{
    long num;
    char name[10];
    int score;
    struct gymnast *next;
```

```
} GYM;

GYM * create( );
void print(GYM *head);
GYM * insert(GYM *ap,GYM *bp);
GYM *sort(GYM *head);
GYM *del(GYM *head,long m);
int n;

void main()
{
    GYM *alist,*blist;
    long de;
    alist=create();
    blist=create();
    print(alist);
    print(blist);
    alist=insert(alist,blist);
    print(alist);

    printf("Please input the number you want to delete: \n");
    scanf("%ld",&de);
    alist=del(alist,de);
    print(alist);
}

GYM * create( )
{
    n=0;
    GYM * ath1,* ath2,*head;
    ath1=ath2=(GYM *)malloc(sizeof(GYM));
    printf("NUMBER    NAME    SCORE\n");
    scanf("%ld %s %d",&ath1->num,ath1->name,&ath2->score);
    head=NULL;
    while(ath1->num !=0)
    {
        n=n+1;
        if(n==1)
            head=ath1;
        else
            ath2->next=ath1;
        ath2=ath1;
        ath1=(GYM *)malloc(sizeof(GYM));
        scanf("%ld %s %d",&ath1->num,ath1->name,&ath2->score);
    }

    ath2->next=NULL;
    head=sort(head);
    return head;
}

void print(GYM *head)
{
    GYM *p;
    p=head;
```

```
        printf("NUMBER    NAME    SCORE\n");
        while(p !=NULL)
        {
            printf("%ld    %s    %d",p->num,p->name,p->score);
            p=p->next;
            putchar('\n');
        }
}
GYM * insert(GYM *ap,GYM *bp)
{
    GYM *ap1,*ap2,*bp1,*bp2;
    ap1=ap2=ap;
    bp1=bp2=bp;
    do{

        while(bp1->num>ap1->num && ap1->next!=NULL)
        {
         ap2=ap1;
         ap1=ap1->next;
        }
        if(bp1->num<=ap1->num)
        {
            if(ap1==ap)
                ap=bp1;
            else
                ap2->next=bp1;
        bp1=bp1->next;
        bp2->next=ap1;
        ap2=bp2;

        bp2=bp1;
        }
    }while(ap1->next!=NULL ||(bp1!=NULL && ap1==NULL));
    if(ap1->next==NULL && bp1!=NULL && bp1->num>ap1->num )
        ap1->next=bp1;
    return ap;
}

GYM *sort(GYM *head)
{
    GYM *p1,*p2,*GYMMin;
    long min,current;
    p1=p2=head;
    while(p2->next !=NULL)
    {
        min=p2->num;
        GYMMin=p2;
        p1=p2;
        while(p1->next!=NULL)
        {
            if(p1->num<min)
            {
                min=p1->num;
                GYMMin=p1;
            }
            p1=p1->next;
```

```
        }
        if(p1->num<min)
        {
            min=p1->num;
            GYMMin=p1;
        }

            current =p2->num;
            p2->num=min;
            GYMMin->num=current;

        p2=p2->next;
    }

    return head;
}

GYM *del(GYM *head,long m)
{
    GYM *back,*pre;
    pre=back=head;
    int find=0;


    while(pre!=NULL)
    {
        if(pre->num == m)
        {
            pre=pre->next;
            head=pre;
            find=1;
            break;
        }
        else
        {
            pre=pre->next;
            while(pre!=NULL)
            {
                if(pre->num == m)
                {
                back->next=pre->next;
                find=1;
                break;
                }
                back=pre;
                pre=pre->next;
            }

            if(!find)
                printf("%d was not found\n ",m);
            break;
        }

    }
    return head;
}
```

【思考题】

1．要求编写程序：有 4 名学生，每个学生的数据包括学号、姓名、成绩，要求找出成绩最优者的姓名和成绩。

2．根据工程 exec3 的实例，建立一个链表，每个结点包括的成员为：职工号、工资。用一个 creat 函数来建立链表，同时打印出整个链表。5 个职工号为 101、103、105、107、109。

3．在上题基础上，新增加一个职工的数据，按职工号的顺序插入链表，新插入的职工号为 106。写一个函数 insert 来插入新结点。

4．在上面的基础上，写一个函数 delete，用来删除一个结点。要求删除职工号为 103 的结点。打印出删除后的链表。

三、自主练习项目

双向链表的基本操作方法如下。

项目功能：创建链表、遍历（打印），求长度并能排序、插入、删除、查找。

```c
#include <stdio.h>
#include <stdlib.h>
typedef struct Node
{
  int data;
  struct Node * next;
  struct Node * prior;
}NODE, *PNODE;

PNODE create_list(void);                        //创建节点
void traverse_list(PNODE pHead);                //遍历链表（打印）
int length_list(PNODE pHead);                   //求链表长度
void sort_list(PNODE pHead);                     //排序
void insert_list(PNODE pHead, int pos, int val); //插入节点
void delect_list(PNODE pHead, int pos, int *val); //删除节点
int find_list(PNODE pHead, int val,int *pos);   //查找元素

int main(int argc, char* argv[])
{
  int pos_insert;
  int val_insert;
  int pos_delect;
  int val_delect;
  int pos_find;
  int val_find;

  PNODE pHead = NULL;

  pHead = create_list();
  printf("/n 原来链表: /n");
  traverse_list(pHead);
  printf("链表的长度是: %d/n",length_list(pHead));
  printf("/n");

  printf("请输入您要插入的元素位置: pos = ");
  scanf("%d",&pos_insert);
```

```
    printf("请输入您要插入的元素值: val = ");
    scanf("%d",&val_insert);
    printf("插入元素后: /n");
    insert_list(pHead, pos_insert, val_insert);
    traverse_list(pHead);
    printf("链表的长度是: %d/n",length_list(pHead));
    printf("/n");

    printf("请输入您要删除的元素位置: pos = ");
    scanf("%d",&pos_delect);
    printf("删除元素后: /n");
    delect_list(pHead, pos_delect, &val_delect);
    traverse_list(pHead);
    printf("链表的长度是: %d/n",length_list(pHead));
    printf("您删除的节点元素是: %d/n",val_delect);
    printf("/n");

    printf("请输入您要查找的元素的值: val = ");
    scanf("%d",&val_find);
    printf("查找元素: /n");
    if(find_list(pHead, val_find, &pos_find) == 0)
    {
        traverse_list(pHead);
        printf("您要查找的元素位置是: %d/n", pos_find);
        printf("/n");
    }
    else
        printf("您要查找的元素不存在! /n");
    printf("/n");

    printf("排序后: /n");
    sort_list(pHead);
    traverse_list(pHead);
    printf("链表的长度是: %d/n",length_list(pHead));
    printf("/n");

    return 0;
}

PNODE create_list(void)
{
    int len;
    int i, val;
    PNODE pTail;

    PNODE pHead = (PNODE)malloc(sizeof(NODE));
    if(NULL == pHead)
    {
        printf("动态内存分配失败, 程序终止! /n");
        exit(-1);
    }
    pTail = pHead;
```

```
    pTail->next = NULL;

    printf("请输入您要创建链表的长度: /nlen = ");
    scanf("%d",&len);

    for(i = 0; i < len; i++)
    {
      printf("请输入第%d个节点的值: val = ", i+1);
      scanf("%d",&val);

     PNODE pNew = (PNODE)malloc(sizeof(NODE));
     if(NULL == pNew)
     {
        printf("新节点动态内存分配失败, 程序终止! /n");
        exit(-1);
     }
     pNew->data = val;
     pTail->next = pNew;
     pNew->prior = pTail; //更正错误
     pNew->next = NULL;
     pTail = pNew;
    }
    return pHead;
}

void traverse_list(PNODE pHead)
{
   PNODE p;
   p = pHead->next;
   if(NULL == p)
   {
      printf("链表为空! /n");
   }
   while(NULL != p)
   {
      printf("%d  ",p->data);
      p = p->next;
   }
   printf("/n");

   return;
}

int length_list(PNODE pHead)
{
   int len = 0;
   PNODE p;
   p = pHead;

   while(NULL != p)
   {
    len++;
    p = p->next;
   }
```

```
      return len-1;

}


void sort_list(PNODE pHead)
{
   int len, i, j, temp;
   PNODE p, q;

   len = length_list(pHead);

   for(i = 0,p = pHead->next; i < len; i++,p = p->next)
   {
      for(j = i+1, q = p->next; j < len; j++, q = q->next)
      {
         if(p->data > q->data)
         {
            temp = p->data;
            p->data = q->data;
            q->data = temp;
         }
      }
   }
   return;
}


void insert_list(PNODE pHead, int pos, int val)
{
   int i;
   PNODE pNew, p;
   p = pHead;

   pNew = (PNODE)malloc(sizeof(NODE));
   if(NULL == pNew)
   {
      printf("新节点动态内存分配失败，程序终止! /n");
      exit(-1);
   }
   pNew->data = val;

   if((pos > (length_list(pHead)+1)) || (pos <= 0))
   {
      printf("插入失败，插入位置不正确! /n");
      exit(-1);
   }
   for(i = 0; i < pos-1; i++)
   {
      p = p->next;
   }
   pNew->next = p->next;
   p->next = pNew;
   p = pNew->prior;

   return;
}
```

```
void delect_list(PNODE pHead, int pos, int *val)
{
  int i;
  PNODE p = pHead;

  if(length_list(pHead) == 0)
  {
    printf("链表为空，没有内容可以删除! /n");
    exit(-1);
  }
  if((pos > length_list(pHead)) || (pos <= 0))
  {
    printf("删除元素的位置不是合法位置，删除失败! /n");
    exit(-1);
  }
  for(i = 0; i < pos-1; i++)
  {
    p = p->next;
  }
  if(NULL == p->next->next)
  {
    *val = p->next->data;
    p->next = NULL;
  }
  else if(NULL == p->next->next->next)
  {
    *val = p->next->data;
    p->next->next = NULL;
  }
  else
  {
    *val = p->next->data;
    p->next = p->next->next;
    p->next->next->prior = p;
  }
  return;
}
 int find_list(PNODE pHead, int val,int *pos)
{
  PNODE p = pHead;
  int i = 0;

  while(p != NULL)
  {
    i++;
    if(p->data == val)
    {
      *pos = i-1;
      return 0;
    }
    p = p->next;
  }
  return 1;
}
```

2.10.2　综合实训项目

在本项目中要对成绩信息进行添加、删除、修改，还要对成绩排序等，其中排序、添加、删除等在前面的项目中都已经做过，本次实践中要求处理链表建立和删除操作。

【参考方案】

```
void loadStudentScorelink()
{
    StudentScore node;
    FILE *fp;
    studentScoreNode *pre,*q;
    if((fp=fopen("StudentScorelst.a","rt"))==0)
    {
        printf("\n 文件打不开，不能加载学生信息!");
        getch();
        return;
    }
    sscNodeHead=NULL;
    fread(&node,sizeof(StudentScore),1,fp);
    while(!feof(fp))               //下面就是链表建立的操作方法
    {
        if(sscNodeHead==NULL)
        {
            sscNodeHead=(studentScoreNode *)malloc(sizeof(studentScoreNode));
            sscNodeHead->data=node;
            sscNodeHead->next=NULL;
            pre=sscNodeHead;
        }else
        {
            q=(studentScoreNode *)malloc(sizeof(studentScoreNode));
            pre->next=q;
            q->data=node;
            q->next=NULL;
            pre=q;
        }
        fread(&node,sizeof(StudentScore),1,fp);
    }
    fclose(fp);
}

//删除链表操作
void deleteStudentScore(studentScoreNode *Head,StudentScore data)
{
    studentScoreNode *pre=Head,*p;
    if(Head==NULL){printf("\n 没有学生成绩信息，不能删除! \n");return;}
    if(strcmp(Head->data.sno,data.sno)==0&&strcmp(Head->data.cno,data.cno)==0)
    {
        pre=Head->next;
        Head->data=Head->next->data;
        Head->next=Head->next->next;
        free(pre);
    }
    else
```

```
        {
            p=pre->next;
            while(p!=NULL)
            {
if(strcmp(pre->next->data.sno,data.sno)==0&&strcmp(pre->next->data.cno,data.cno)==0)
                {
                    p=pre->next;
                    pre->next=p->next;
                    free(p);
                    break;
                }
                pre=pre->next;
                p=pre->next;
            }
        }
    }
```

2.11   文   件

2.11.1   基础实训项目

【基础实验项目】C语言文件操作。

【项目目的】

1. 文件和文件指针的概念以及文件的定义方法。

2. 了解文件打开和关闭的概念及方法。

3. 掌握有关文件的函数。

【预备知识】

1. C语言的指针、结构体等。

2. C语言中文件和文件指针的概念。

3. 文件的读写方法。

4. C语言中文件的打开与关闭及各种文件函数的使用方法。

【项目内容】

一、实验步骤

1. 文件打开/关闭函数 fopen()和 fclose()的编程。

2. 文件各类读写函数的使用，如 fputc()、fgetc()、fread()、fwrite()、fscanf()、fprintf()、fgets()、fputs()等函数的使用方法。

3. 文件指针操作函数的实用，如 rewind()、fseek()、ftell()等函数的实用方法。

二、基本实验

在 D 盘根目录下面建立一个文件夹，如 d:\myProject\ch11。打开 Visual C++6.0 集成开发环境，建立新的 Win32 Console Application 的工程，工程名为 ch11_1，工程的目录就为 d:\myProject\ch11\ch11_1。在 d:\myProject\ch10\ch11_11 的文件夹下，建立一个文本文件叫 ch11_1.txt，双击打开 ch11_1.txt，可向文本中自行添加数据。

项目一：文件的打开与关闭

在 Visual C++6.0 集成开发环境中，点击菜单栏中"File→New→C++ Source File"，创建一个 ch11_1.c（或者 ch11_1.cpp）的源文件，编辑 ch11_1.c。下列程序是主要关于 fopen()函数和 fclose() 函数的应用，上机调试并验证程序。

源代码如下：

```c
#include "stdio.h"
#include "stdlib.h"

void main()
{
    FILE *fp;
    char fileName[20];
    scanf("%s",fileName);
    if((fp=fopen(fileName,"r"))==NULL)
//打开文件，对返回值为指针类型的需要进行空指针判断
    {
        printf("Can't open file\n");
        exit(0);            //如果不能打开指定的文件，就退出程序
    }else
    {
        printf("%s was opened!\n",fileName);
    }
    fclose(fp);             //与打开文件函数 fopen()一一对应
}
```

项目二：写数据到磁盘文件中

建立新的 Win32 Console Application 的工程，工程名为 ch11_2，工程的目录就为 d:\myProject\ ch11\ch11_2。下列程序用 fputc()函数将数据写入到磁盘文件中，用 fgetc()函数读该文件，将数据读入内存中。上机调试并验证程序。

源代码如下：

```c
#include "stdio.h"
#include "stdlib.h"

void main()
{
    FILE *fp;
    char fileName[20];
    char getChar;
    char putCh[100];
    int i=0;
    scanf("%s",fileName);
        if((fp=fopen(fileName,"w"))==NULL)
//打开文件，对返回值为指针类型的需要进行空指针判断
    {
        printf("Can't open file\n");
        exit(0);          //如果不能打开指定的文件，就退出程序
    }else
    {
        printf("%s was opened!\n",fileName);
```

```
    }
    printf("Please input the filename: \n");
    printf("Writing %s\n",fileName);

    for(i=0;i<10;i++)
    {
        scanf("%c",&putCh[i]);
        fputc(putCh[i],fp);
    }

    fclose(fp);                          //与打开文件函数 fopen()一一对应
    if((fp=fopen(fileName,"r"))==NULL) //打开文件，对返回值为指针类型的需要进行空指针判断
    {
        printf("Can't open file\n");
        exit(0);                         //如果不能打开指定的文件，就退出程序
    }else
    {
        printf("%s was opened!\n",fileName);
    }

    printf("Reading %s\n",fileName);
    for(i=0;(getChar=fgetc(fp))!=EOF;i++)
    {
        putchar(getChar);
        }
    fclose(fp);
}
```

项目三：从磁盘文件中读取数据

建立新的 Win32 Console Application 的工程，工程名为 ch11_3，工程的目录就为 d:\myProject\ch11\ch11_3。下列程序用 fprintf()函数将数据写入磁盘文件中，用 fscanf()函数读该文件，将数据读入内存中。上机调试并验证程序。

源代码如下：

```
#include "stdio.h"
#include "stdlib.h"

void main()
{
    FILE *fp;
    char fileName[20];
    char putCh[100];
    int i=0;
    printf("Please input the filename: \n");
    scanf("%s",fileName);
        if((fp=fopen(fileName,"w"))==NULL)
                    //打开文件，对返回值为指针类型的需要进行空指针判断
        {
        printf("Can't open file\n");
        exit(0);      //如果不能打开指定的文件，就退出程序
        }else
        {
```

```
        printf("%s was opened!\n",fileName);
    }

    printf("Writing %s\n",fileName);
    scanf("%s",putCh);

    for(i=0;i<10;i++)
    {
        fprintf(fp,"the num %d is %c",i,putCh[i]);
    }

    fclose(fp);                         //与打开文件函数 fopen()一一对应
    if((fp=fopen(fileName,"r"))==NULL) //打开文件，对返回值为指针类型的需要进行空指针判断
    {
        printf("Can't open file\n");
        exit(0);                        //如果不能打开指定的文件，就退出程序
    }else
    {
        printf("%s was opened!\n",fileName);
    }
    int t=0;
    while(!feof(fp))
    {
        fscanf(fp,"the num %d is %c",&t,&putCh[t]);
        printf("\n hello%d %c\n",t,putCh[t]);
    }
    fclose(fp);
}
```

项目四：同时读写磁盘文件数据

建立新的 Win32 Console Application 的工程，工程名为 ch11_4，工程的目录就为 d:\myProject\ch11\ch11_4。有 3 个运动员进行体操比赛，3 个裁判打分。请从键盘输入数据（包括运动员的编号、姓名、3 个裁判的分数），并且计算出每个运动员的平均成绩，将原有数据和平均成绩保存在 gym 中。用 fwrite()函数将数据写入磁盘文件中，用 fread()函数读该文件，将数据读入内存中。上机调试并验证程序。

源代码如下：

```
#include "stdio.h"
#include "stdlib.h"
struct gymnast
{
    char num[10];
    char name[10];
    float score[3];
    float ave;
}gym[3],sport[3];
void main()
{
    FILE *fp;
    int i;

    for(i=0;i<3;i++)
    {
```

```
        printf("NUMBER: "); scanf("%s",gym[i].num); putchar('\n');
        printf("NAME:   "); scanf("%s",gym[i].name);putchar('\n');
        printf("SCORE 1: "); scanf("%f",&gym[i].score[0]);putchar('\n');
        printf("SCORE 2: "); scanf("%f",&gym[i].score[1]);putchar('\n');
        printf("SCORE 3: "); scanf("%f",&gym[i].score[2]);putchar('\n');
    }

    for(i=0;i<3;i++)
    {
        gym[i].ave=(gym[i].score[0]+gym[i].score[1]+gym[i].score[2])/3;
    }

    if((fp=fopen("gym.txt","w"))==NULL)
        {
        printf("Can't open file\n");
        exit(0);//如果不能打开指定的文件，就退出程序
    }

    for(i=0;i<3;i++)
    {
        fwrite(&gym[i],sizeof(struct gymnast),1,fp);
    }
    fclose(fp);

    if((fp=fopen("gym.txt","r"))==NULL)
        {
        printf("Can't open file\n");
        exit(0);//如果不能打开指定的文件，就退出程序
    }

    for(i=0;i<3;i++)
    {
        fread(&sport[i],sizeof(struct gymnast),1,fp);
        printf("\n%s %s %f %f %f %f\n",sport[i].num,sport[i].name,sport[i].score[0],
            sport[i].score[1],sport[i].score[2],sport[i].ave);
    }
    fclose(fp);
}
```

项目五：磁盘文件的读写与内存的交换

建立新的 Win32 Console Application 的工程，工程名为 ch11_5，工程的目录就为 d:\myProject\ch11\ch11_5。有 3 个运动员进行体操比赛，3 个裁判打分。请从键盘输入数据（包括运动员的编号、姓名、3 个裁判的分数），并且计算出每个运动员的平均成绩，将原有数据和平均成绩保存在 gym 中。用 fwrite()函数将数据写入磁盘文件中，用 fread()函数读该文件，使用 rewind()函数定位文件指针，将数据读入内存中。上机调试并验证程序。

源代码如下：

```
#include "stdio.h"
#include "stdlib.h"
struct gymnast
{
    char num[10];
```

```
        char name[10];
        float score[3];
        float ave;
}gym[3],athlete;
void main()
{
        FILE *fp;
        int i;

        for(i=0;i<3;i++)
        {
                printf("NUMBER: "); scanf("%s",gym[i].num); putchar('\n');
                printf("NAME:   "); scanf("%s",gym[i].name);putchar('\n');
                printf("SCORE 1: "); scanf("%f",&gym[i].score[0]);putchar('\n');
                printf("SCORE 2: "); scanf("%f",&gym[i].score[1]);putchar('\n');
                printf("SCORE 3: "); scanf("%f",&gym[i].score[2]);putchar('\n');
        }

        for(i=0;i<3;i++)
        {
                gym[i].ave=(gym[i].score[0]+gym[i].score[1]+gym[i].score[2])/3;
        }

        if((fp=fopen("gym.txt","w+"))==NULL)
                {
                printf("Can't open file\n");
                exit(0);//如果不能打开指定的文件，就退出程序
        }

        for(i=0;i<3;i++)
        {
                fwrite(&gym[i],sizeof(struct gymnast),1,fp);
        }
        rewind(fp);

                fread(&athlete,sizeof(struct gymnast),1,fp);
                printf("\nTAKEN FROM the FILE: %s %s %f %f %f %f\n",athlete.num, athlete.
name,athlete.score[0],
                        athlete.score[1],athlete.score[2],athlete.ave);

        fseek(fp,2*sizeof(struct gymnast),SEEK_SET);
        fread(&athlete,sizeof(struct gymnast),1,fp);
                printf("\nTAKEN FROM the FILE: %s %s %f %f %f %f\n",athlete.num, athlete.
name,athlete.score[0],
                        athlete.score[1],athlete.score[2],athlete.ave);

        fclose(fp);
    }
```

【思考题】

1．从键盘输入一个字符串，然后将其以文件形式存到磁盘上，磁盘文件名为 file1.dat。

2．从磁盘文件 file1.dat 读入一行字符，将其中所有小写字母改为大写字母，然后输出到磁盘文件 file2.dat 中。

3. 已有两个文本文件，今要求编写程序从这两个文件中读出各行字符，逐个比较这两个文件中相应的行和列上的字符，如果遇到互不相同的字符，输出它是第几行第几列的字符。

4. 有 3 个运动员进行体操比赛，3 个裁判打分。请从键盘输入数据（包括运动员的编号、姓名、3 个裁判的分数），并且计算出每个运动员的平均成绩，将原有数据和平均成绩保存在 gym 中。按照运动员平均成绩高低顺序插入，然后存入到一个 gymSort。

2.11.2　综合实训项目

本项目中的数据都要保存在文件中，请实现将信息保存到文件中，从文件中读出信息到内存的处理函数。

在这里只是以学生成绩保存为例，其他代码差不多，可以自行完成。

【参考方案】

```
//从文件中取得学生成绩信息组建成链表
void loadStudentScorelink()
{
    StudentScore node;
    FILE *fp;
    studentScoreNode *pre,*q;
    if((fp=fopen("StudentScorelst.a","rt"))==0)
    {
        printf("\n文件打不开，不能加载学生信息!");
        getch();
        return;
    }
    sscNodeHead=NULL;
    fread(&node,sizeof(StudentScore),1,fp);
    while(!feof(fp))
    {
        if(sscNodeHead==NULL)
        {
            sscNodeHead=(studentScoreNode *)malloc(sizeof(studentScoreNode));
            sscNodeHead->data=node;
            sscNodeHead->next=NULL;
            pre=sscNodeHead;
        }else
        {
            q=(studentScoreNode *)malloc(sizeof(studentScoreNode));
            pre->next=q;
            q->data=node;
            q->next=NULL;
            pre=q;
        }
        fread(&node,sizeof(StudentScore),1,fp);
    }
    fclose(fp);
}
//保存学生成绩信息到文件中
void flushStudentScore()
{
    FILE *fp;
    studentScoreNode *pre;
```

```
        if((fp=fopen("StudentScorelst.a","w"))==0)
        {
            printf("\n 文件打不开，不能保存学生成绩信息!");
            getch();
            return;
        }
        if(sscNodeHead==NULL){printf("\n 没有学生成绩信息，不能保存! \n");return;}
        pre=sscNodeHead;
        while(pre!=NULL)
        {
            fwrite(&pre->data,sizeof(StudentScore),1,fp);
            pre=pre->next;
        }
        fclose(fp);
}
```

第3章
习题和参考解答

3.1 概　　述

一、选择题

1．下列叙述中错误的是（　　　）。

　　A．计算机不能直接执行用 C 语言编写的源程序。

　　B．C 语言程序经 C 编译程序编译后，生成后缀为.obj 的文件是一个二进制文件。

　　C．后缀为.obj 的文件，经链接程序生成后缀为.exe 的文件是一个二进制文件。

　　D．后缀为.obj 和.exe 的二进制文件都可以直接运行。

【答案】D。

【分析】计算机能直接执行的是机器语言代码。.obj 和.exe 文件都是二进制文件，但是.obj 文件中没有包含库文件中的执行代码，所以.obj 文件不能直接运行。

2．以下叙述中错误的是（　　　）。

　　A．C 语言是一种结构化程序设计语言。

　　B．结构化程序有顺序、分支、循环 3 种基本结构组成。

　　C．使用 3 种基本结构构成的程序只能解决简单问题。

　　D．结构化程序设计提倡模块化的设计方法。

【答案】C。

【分析】3 种基本结构构成的程序不仅仅解决简单问题，任何问题都可以用 3 种基本结构表示。

3．对于一个正常运行的 C 程序，以下叙述中正确的是（　　　）。

　　A．程序的执行总是从 main 函数开始，在 main 函数结束。

　　B．程序的执行总是从程序的第一个函数开始，在 main 函数结束。

　　C．程序的执行总是从 main 函数开始，在程序的最后一个函数中结束。

　　D．程序的执行总是从程序的第一个函数开始，在程序的最后一个函数中结束。

【答案】A。

【分析】main 函数被规定为 C 语言程序的入口函数，该函数由操作系统调用，C 语言中其他的函数都是 main 函数的子函数。因此，根据 C 语言函数调用关系，C 语言总是从 main 函数开始，在 main 函数结束后，整个程序结束，而其他函数结束后只转到其调用函数，这个调用函数可以是其他函数也可能是 main 函数，但最终总是 main 函数。main 函数的位置可以在其他函数前面，也可能在其他函数后面，当 main 函数在其他函数前面时，只需在 main 函数前面加上这些函数的申明即可。关于函数与函数调用的详细内容在函数章节会做介绍。

4．一个 C 语言源程序是由（　　　）。

    A．一个主程序和若干子程序组成

    B．函数组成

    C．若干过程组成

    D．若干子程序组成

【答案】B。

【分析】C 语言源程序主要是由函数组成，一般一个 C 语言程序中总有一个主函数，该函数名为 main。有时除了主函数外，还有若干子函数。C 语言源程序有时是一个源代码文件，有时是由若干源代码文件组成。

二、简述题

1．简述 C 语言的主要特点。

【解答】

（1）简洁紧凑、灵活方便。

（2）运算符丰富。

（3）数据结构丰富。

（4）C 语言是结构式语言。

（5）C 语言语法限制不太严格、程序设计自由度大。

（6）C 语言允许直接访问物理地址，可以直接对硬件进行操作。

（7）C 语言程序生成代码质量高，程序执行效率高。

（8）C 语言适用范围大，可移植性好。

2．写出一个 C 语言程序的主要构成。

【解答】C 语言程序主要是由函数组成，其中有一个是 main 函数，它是 C 语言执行的开始。一般的一个 C 语言程序主要有如下几个部分：

（1）预处理指令如：#include 等；

（2）注释（函数功能与调用方法，产生结果注释、整个文档的注释或者对一些特定变量、复杂程序块的注释，不过注释不是程序必需的）；

（3）全局变量；

（4）函数申明；

（5）main 函数；

（6）其他子函数等。

三、读下面的程序，写出程序的运行结果

```
1. void main()
   {
       printf("This is a C program。\n");
   }
```

【解答】This is a C program。

2.
```
void main()
{
    int a,b,sum;
    a=123;
    b=456;
    sum=a+b;
    printf("sum is %d\n",sum);
}
```

【解答】sum is 579。

四、算法和程序设计题

1. 上机运行习题第三题。

2. 参照本章的习题，用*号输出字母 C 的图案。

【解答】

```
#include<stdio.h>

void main(int argc,char* argv[])
{
    printf("    ***    \n");
    printf("   *   *\n");
    printf("   *      \n");
    printf("   *    \n");
    printf("   *    \n");
    printf("   *   *\n");
    printf("    ***    \n");
}
```

3. 分别用流程图方式和 N-S 结构化流程图的方式来描述并将 100~200 的素数打印出来。
【解答】略。

3.2 数据类型、运算符和表达式

一、选择题

1. C 语言中的标识符只能由字母、数字和下划线 3 种字符组成，且第一个字符（   ）。
   - A. 必须为字母
   - B. 必须为下划线
   - C. 必须为字母或下划线
   - D. 可以是字母、数字和下划线中任意一种字符

【答案】C。

2. 下列数据中是合法的整型常量的是（   ）。
   - A. 3E2   B. -32768   C. 100000
   - D. 0xfffff   E. 029   F. 0x123

【答案】B、C、D、F。

【分析】A 是 double 类型的数据，E 是用八进制表示的整数，但是八进制数中不能出现 8 和 9。C 在 16 位编译系统中是不合法的，但是本书中一直以 Visual C++ 6.0 的环境讲解，在这个编译环境下，整型数是 4 字节，32 位存放，其数据范围是 $-2^{31} \sim 2^{31}-1$。

3. 下列数据中属于合法的字符常量的是（　　）。

   A. "A"　　　　B. '!'　　　　　　C. 'AB'　　　　D. h　　　　　E. '\\'

   F. '\1234'　　　G. '\x123'　　　　H. '\0'　　　　I. '\k'

【答案】B、C、E、F、H、I。

【分析】A 是字符串；C 是字符数组，常取低位字符即 'B'；D 是合法的标示符；E 表示的就是字符 "\"；F 同 C，其中 '\123' 表示字符 'S'，'\1234' 表示 'S4' 取字符 '4'；G 转化成十进制数为 291 大于字符的表示范围；H 表示空格字符；I 表示字符 'K'。

4. 设有定义：int k=0;，以下选项的 4 个表达式中与其他 3 个表达式的值不相同的是（　　）。

   A. k++　　　　B. k+=1　　　　C. ++k　　　　D. k+1

【答案】A。

【分析】A、B、C 执行完后 K 的值变为 1，D 执行完后 K 的值不变还是 0。但是作为表达式，A 表达式是取 K 没有运算之前的值，所以 A 表达式的值为 0，B、C、D 表达式的值为 1。这里要注意表达式的值与变量 k 的值不是一个概念。

5. 有以下程序，其中%u 表示按无符号整数输出

```
main()
{
  unsigned int x=0xFFFF;   /* x 的初值为十六进制数 */
  printf("%u\n", x);
}
```

   程序运行后的输出结果是（　　）。

   A. -1　　　　　B. 65535　　　　　C. 32767　　　　　D. 0xFFFF

【答案】B。

【分析】其实本题是 turbo C 环境下的一道题目，在 Visual C++中已经没有意义了。本题本意是要考查最高位的含义，%u 格式是按照无符号格式输出的，%d 是按照有符号格式输出的。本题中 x 赋值的是 4 位十六进制数，也就是 16 位二进制数，这个并没有达到在 Visual C++中数据长度为 32 位的限制，所以本题不管是用%u 还是%d 都是 65535，而在 16 位的编译系统中，%u 则为 65535，而%d 则为−1。

6. 设变量 x 和 y 均已正确定义并赋值，以下 if 语句中,在编译时将产生错误信息的是（　　）。

   A. if(x++);　　　　　　　　　　　　B. if(x>y&&y!=0);

   C. if(x>y) x-- else y++;　　　　　　D. if(y<0) {;} else x++;

【答案】C。

【分析】在 x--后缺少分号，C 语言的 if 子句后面是一条语句或者语句块不是表达式，else 后面也是一条语句或者语句块。在 C 语言中表达式后面不需要分号，但是语句后面要求给出分号，如题目中 if 语句的括号中都是条件表达式，所以括号中都不需要分号，但是分支中都是子句。

7. 以下选项中，当 x 为大于 1 的奇数时，值为 0 的表达式（　　）。

   A. x%2==1　　　B. x/2　　　　　C. x%2!=0　　　　D. x%2==0

【答案】D。

【分析】A 中，==为关系运算符，表示是否相等，当相等时返回 1，否则返回 0。%表示取模运算符，当 x 为奇数时 $x\%2$ 结果为 1，1 等于 1，所以最终结果也为 1。

B 中，x 为奇数，$x/2$ 只有当 $x==1$ 时，结果才为 0，其他情况下都不为 0。

C 中，C 和 A 一样，!=是关系运算符，表示是否不相等。

D 和 C 相反，所以选择 D。

8. 已知大写字母'A'的 ASCII 码是 65，小写字母'a'的 ASCII 码是 97，以下不能将变量 C 中大写字母转换为对应小写字母的语句是（　　）。

    A．c=(c-'A')%26+'a'　　　　　　　　B．c=c+32

    C．c=c-'A'+'a'　　　　　　　　　　　D．c=('A'+c)%26-'a'

【答案】D。

【分析】大写字母要转化成小写字母，根据 ASCII 码，则必须加上 32(97–65)，在 C 语言中字符转换时 32 可以这样表示'a'-'A'，也可以是 32。其中，A 和 C 是一样的，因为变量 c 代表一个大写字母时 c-'A'〈26，即（c-'A'）%26 也等于 c-'A'，所以只有 D 是错误的。

9. 若有说明语句：char c='\72'，则变量 c（　　）。

    A．包含 1 个字符　　　　　　　　　　B．包含 2 个字符

    C．包含 3 个字符　　　　　　　　　　D．说明不合法，c 的值不确定

【答案】A。

【分析】"\"表示的是转义字符，当后面跟数字时，有两种格式 "\ddd" 和 "\xhh"，其中 "\ddd" 表示的是八进制数，"\xhh" 表示的是十六进制数。"\72" 代表的是 58，58 对应的 ASCII 代表的是符号 ":"。

10. 有以下程序

```
void main()
{
unsigned char a=2, b=4, c=5, d;
d=a|b; d&=c; printf("%d\n", d);
}
```

程序运行后的输出结果是（　　）。

    A．3　　　　　　　B．4　　　　　　　C．5　　　　　　　D．6

【答案】B。

【分析】| 表示位或运算符，&表示位与运算符。

A 中，变量 a 的值为 2，用 4 位二进制表示为 0010，变量 b 的值为 4，用 4 位二进制表示为 0100，a|b 的结果是 0110（对应的最高位都是 0，位或为 0，次高位有个 1，位或为 1，第三位有个 1，位或为 1，最低为都是 0，位或为 0），所以语句 "d=a|b;" 执行完后 d 的值为 6。

语句 "d&=c;" 等价于 "d=d&c"，变量 c 的值为 5，则用 4 位二进制表示为 0101，d&c 后值为 4，所以语句 "d&=c;" 执行完后 d 的值为 4。

二、填空题

1. 设 $x=2.5$，$a=7$，$y=4.7$，则 x+a%3*(int)(x+y)%2/4 的值为_____。

【解答】2.5。本题的计算顺序如下：

（1）计算 a%3；

（2）$x+y$；

（3）将 $x+y$ 的结果强制转化为 int 型；

（4）对 a%3 的结果和 $x+y$ 转化为整型值之后的值进行*运算；

（5）计算%2；

（6）计算/4；

（7）计算 $x+$ 后面的结果。

按照上面的步骤一步一步计算，则结果为 2.5。

2．设 $a=2$，$b=3$，$x=3.5$，$y=2.5$，则(float)(a+b)/2+(int)x%(int)y 的值为_____。

【解答】3.5。

本题的计算顺序如下：

（1）计算 $a+b$；

（2）将 $a+b$ 的结果转化为 float 型；

（3）将 $a+b$ 的结果转化为 double 型，将整数 2 转化为 double 型，计算/2；

（4）(int)x；

（5）(int)y；

（6）对步骤（4）和步骤（5）的结果进行%运算；

（7）对步骤（3）的结果和步骤（6）的结果进行+预算。

按照上面的步骤，结果为 3.5。

3．设 $a=12$，$n=5$，则计算了表达式 a%=(n%=2)后，a 的值为_____，计算了表达式 a+=a-=a*=a 后，a 的值为_____。

【解答】0，0；a%=(n%=2)的计算顺序如下：

（1）n%2 结果为 1；

（2）n=(n%2)，计算结果是 $n=1$，表达式也为 1；

（3）a%1 结果为 0；

（4）a=a%1 计算结果为 0，a 也为 0 。

a+=a-=a*=a 的计算顺序如下：

（1）a*=a 即 a=a*a，结果 $a=144$；

（2）a-=144 即 a=a-144，结果为 0；

（3）a+=0 即 a=a+0，结果为 0。

4．设 $a=3$，$b=4$，$c=5$，计算下面各表达式的值。

（1）a+b>c&&b==c　　　　　　　　（2）a||b+c&&b-c

（3）!(a>b)&&!c||1　　　　　　　　（4）!(x=a)&&(y=b)&&0

（5）!(a+b)+c-1&&b+c/2

【解答】0，1，1，0，1。在逻辑或者关系表达式中，如果计算的值是真，就用 1 表示，如果计算的值为假，就用 0 表示。

（1）$a+b$ 为 7 大于 5 结果是真，b==c 结果为假，真和假参加&&运算后结果为假，所以第一题结果为假，表达式的值为 0。

（2）a 为 3，在 c 语言中表达式的值非零则为真，否则为假，所以||运算的左边为真，则整个或运算的结果为真，表达式的值为 1。

（3）整个表达式最后是进行或运算，由于或中有一项为 1 表示真，所以整个表达式为真，表达式结果为 1。

（4）整个表达式最后是进行与运算，由于与中有一项为 0 表示假，所以整个表达式为假，表达式结果为 0。

（5）整个表达式进行的是与运算，左边的是!(a+b)+c-1，其中，!(a+b)为 0，0+c-1 为 4，结果真，值为 1，右边的是 b+c/2 为 6，结果为真，值为 1，所以整个表达式为真，值为 1。

三、写出下面赋值的结果

表格中写了数值的是要将它赋给其他类型变量，将所有空格填上赋值后的数值。

int	99					42	
char		'd'					
unsigned int			76				65535
float				53.65			
long int					68		

【解答】

int	99	100	76	53	68	42	65535
char	'c'	'd'	'L'	'5'	'D'	'*'	
unsigned int	99	100	76	53	68	42	65535
float	99	100	76	53.65	68	42	65535
long int	99	100	76	53	68	42	65535

四、写出下面程序运行后的结果

```
1. #include "stdio.h"
   void main()
   {
   int a,b;
   a=077;
   b=a&3;
   printf("\40: The a & b(decimal) is %d \n",b);
   b&=7;
   printf("\40: The a & b(decimal) is %d \n",b);
   }
```

【解答】The a & b(decimal) is 3

The a & b(decimal) is 3

（1）\40 是八进制数，十进制值为 32，代表的是空格。

（2）&表示位与，计算口诀是"有 0 为 0，无 0 为 1"。计算方法是数据转化成二进制，一位一位地对应进行与运算。

A=077 转化为二进制数后为 01110111，3 转化为 00000011，两数运算结果为。

00000011 即为 3。7 转化为二进制数后为 00000111，3 与 7 位与后为 00000011，也为 3。

```
2. #include <stdio.h>
   void main()
   {   int i,j,m,n;
       i=8;
       j=10;
```

```
m=++i;
n=j++;
printf("%d,%d,%d,%d",i,j,m,n);
}
```

【解答】9，11，9，10。

（1）++i 是先对 i 进行加 1 操作，然后取 i 的值作为表达式的值，故 i 的值为 9，m 的值也为 9。

（2）j++是先取 j 的值作为表达式的值，然后进行 j 加 1 操作，所以 n 的值为 10，j 的值为 11。

3. ```
#include <stdio.h>
   void main()
   { char c1='a',c2='b',c3='c',c4='\101',c5='\116';
     printf("a%cb%c\tc%c\tabc\n",c1,c2,c3);
     printf("\t\b%c %c",c4,c5);
   }
```

【解答】aabb　　　cc　　　abc
　　　AN。

printf()函数的参数只有两项，前面的是格式字符串，后面的是输出数据，其中%开头和一些规定的字符结尾的一般表示一个变量的格式，即把后面变量列表中对应的数据按此格式输出，不是格式串的原样输出。%c 表示字符形式，\t 表示跳格，即跳到下一输出域。C 语言中一个输出域占 8 个字符位置。

4. ```
#include "stdio.h"
   void  main()
   {
    int a,b;
    a=077;
    b=a|3;
    printf("\40: The a & b(decimal) is %d \n",b);
    b|=7;
    printf("\40: The a & b(decimal) is %d \n",b);
   }
```

【解答】The a & b(decimal) is 63
　　　The a & b(decimal) is 63。

"|"表示位或运算，即按位进行或运算。口诀是"有 1 位 1，无 1 位 0"。

5. ```
#include "stdio.h"
   void main()
   {
    int a,b;
    a=077;
    b=a^3;
    printf("\40: The a & b(decimal) is %d \n",b);
    b^=7;
    printf("\40: The a & b(decimal) is %d \n",b);
   }
```

【解答】The a & b(decimal) is 60
　　　The a & b(decimal) is 59。
```

"^"表示位异或运算。口诀是"相同为 0，相异为 1"。

五、程序设计题

1．利用条件运算符的嵌套来完成此题：学习成绩>=90 分的同学用 A 表示，60～89 分的用 B 表示，60 分以下的用 C 表示。

【解答】x>=90?'A'：x>=60?：'B'：'C'；。

2．取一个整数 a 从右端开始的 4～7 位。

【解答】a&=0xf8。

3.3　顺序结构程序设计

一、单选题

1．printf 函数中用到格式符%5s，其中数字 5 表示输出的字符串占用 5 列，如果字符串长度大于 5，则输出按方式（　　）。

  A．从左起输出该字符串，右补空格 B．按原字符长从左向右全部输出

  C．右对齐输出该字串，左补空格 D．输出错误信息

【答案】B。

【分析】%5S 表示按字符串方式输出后面的变量，其中数字表示变量在输出时占用的位数，正负表示对齐方式，正表示右对齐，负表示左对齐。如果变量代表的字符串长度大于给定的数字，则按原长度输出，如果小于给定的长度，则按给定的对齐格式输出，不足的补空格。

2．已有定义 int a= -2 和输出语句 printf("%8x", a); 以下正确的叙述是（　　）。

  A．整型变量的输出形式只有%d 一种。

  B．%x 是格式符的一种，它可以适用于任何一种类型的数据。

  C．%x 是格式符的一种，其变量的值按十六进制输出，但%8x 是错误的。

  D．%8x 不是错误的格式符，其中数字 8 规定了输出字段的宽度。

【答案】D。

【分析】%x 表示十六进制输出方式，%8x 中的 8 规定输出字段的宽度，其中 8 前的正负号表示对齐方式，正表示右对齐，负表示左对齐。

3．若 x，y 均定义成 int 型，z 定义为 double 型，以下不合法的 scanf 函数调用语句是（　　）。

  A．scanf("%d %x, %le", &x, &y, &z); B．scanf("%2d *%d, %lf' &x, &y, &z);

  C．scanf("%x %*d %o", &x, &y); D．canf("%x %o%6.2f', &x, &y, &z);

【答案】D。

【分析】%x 输入十六进制整数，%o 输入八进制整数，%*d 省略输入的一个整数，%le 输入一个 e 格式的符点数，d 中应该去掉 6.2。scanf 中的格式表示的是模式匹配串，模式匹配串中只需给出匹配串长度，不能给出小数形式的长度。

4．以下说法正确的是（　　）。

  A．输入项可以为一个实型常量，如 scanf("%f",3.5)。

  B．只有格式控制，没有输入项，也能进行正确输入，如 scanf("a=%d,b=%d")。

  C．当输入一个实型数据时，格式控制部分应规定小数点后的位数，如 scanf("%4.2f",&f)。

  D．当输入数据时，必须指明变量的地址，如 scanf("%f",&f)。

【答案】D。

5. 以下程序的输出结果是（　　　）。

```
#include<stdio.h>
void main( )
{
    int k=17;
    printf("%d,%o,%x\n",k,k,k);
}
```

    A．17，021，0x11　　　　　　　　　　B．17，17，17

    B．17，0x11，021　　　　　　　　　　D．17，21，11

【答案】D。

【分析】%d 是十进制输出方式，17 的十进制形式是 17。

%o 是八进制输出方式，17 的八进制形式是 21。

%x 是十六进制输出方式，17 的十六进制形式是 11。

6. 下列程序的运行结果是（　　　）。

```
#include <stdio.h>
void main()
{
    int a=2,c=5;
    printf("a=%d,b=%d\n",a,c);
}
```

    A．a=%2，b=%5　　B．a=2，b=5　　　　C．a=d，b=d　　　　D．a=2，c=5

【答案】B。

7. 有如下程序，若要求 $a1$、$a2$、$c1$、$c2$ 的值分别为 10、20、A、B，正确的数据输入是（　　　）。

```
#include<stdio.h>
void main()
{
    int a1,a2;
    char c1,c2;
    scanf("%d%d",&a1,&a2);
    scanf("%c%c",&c1,&c2):
}
```

    A．1020AB↙　　　　B．10 20AB↙　　　　C．10 20ABC↙　　　　D．10 20AB↙

【答案】D。

【分析】如果在输入的过程中是数据时，则要求在多个数据之间加上分隔符空格，在输入字符时不需要分隔符，因为空格也当作一种字符。

8. 以下 C 程序正确的运行结果是（　　　）。

```
#include<stdio.h>
void main()
{
    long y=-43456;
    printf("y=%-8ld\n",y);
    printf("y=%-08ld\n",y);
    printf("y=%08ld\n",y);
    printf("y=%+8ld\n",y);
}
```

A．y=－43456 　　　　　　　B．y=－43456

　y=－43456 　　　　　　　　y=－43456

　y=－0043456 　　　　　　　y=－0043456

　y=－43456 　　　　　　　　y=+ 43456

C．y=－43456 　　　　　　　D．y=－43456

　y=－43456 　　　　　　　　y=－0043456

　y=－0043456 　　　　　　　y=00043456

　y=－43456 　　　　　　　　y=+43456

【答案】C。

【分析】%ld 表示 long 型数据的输出格式，数字表示输出宽度，正负表示对齐方式，正表示右对齐，负表示左对齐。

9．以下 C 程序正确的运行结果是（　　　）。

```c
#include<stdio.h>
void main()
{
  long y=23456;
  printf("y=%3x\n",y);
  printf("y=%8x\n",y);
  printf("y=%#8x\n",y);
}
```

A．y = 5ba0 　　　　　　　　B．y = ⌣ ⌣ ⌣5ba0

　y = ⌣ ⌣ ⌣ ⌣5ba0 　　　　　y = ⌣ ⌣ ⌣ ⌣ ⌣5ba0

　y = ⌣ ⌣0x5ba0 　　　　　　y =⌣ ⌣0x5ba0

C．y = 5ba0 　　　　　　　　D．y = 5ba0

　y = 5ba0 　　　　　　　　　y = ⌣ ⌣ ⌣ ⌣5ba0

　y = 0x5ba0 　　　　　　　　y = # # # #5ba0

【答案】A。

【分析】%x 是按十六进制方式输出变量的值。字符"%"和"x"之间的符号为标志符，主要有 3 种"+"、"－"、"#"。其中"+"、"－"表示对齐格式，"+"表示右对齐，"－"表示左对齐，"#"符号对 c、s、d、u 格式字符没有影响；对 o 格式字符，输出时加前缀 o；对 x 格式字符，在输出时加前缀 0x；对 e、g、f 格式字符当结果有小数时给出小数点。

10．阅读以下程序，当输入数据的形式为：25，13，10↙，正确的输出结果为（　　　）。

```c
#include<stdio.h>
void main()
{
  int x,y,z;
  scanf("%d%d%d",&x,&y,&z);
  printf("x+y+z=%d\n",x+y+z);
}
```

A．x+y+z=48 　　B．x+y+z=35 　　C．x+z=35 　　　　D．不确定值

【答案】D。

【分析】scanf 中模式匹配串中如果没有逗号，那么在输入时逗号也被当作了一个匹配项，这样在处理时就不能确定变量中填什么值。

二、看程序，写运行结果

1. ```c
#include <stdio.h>
void main()
{
  int x=10;float pi=3.1416;
  printf("%d\n",x);
  printf("%6d\n",x);
  printf("%f\n",56.1);
  printf("%14f\n",p1);
  printf("%e\n",568.1);
  printf("%14e\n",pi);
  printf("%g\n",pi);
  printf("%12g\n",pi);
}
```

【解答】输出结果为

10

⌣　⌣　⌣　⌣10

56.100000

⌣　⌣　⌣　⌣　⌣　⌣3.141600

5.68100e+02

⌣　⌣　⌣3.14160e+00

3.1416

⌣　⌣　⌣　⌣　⌣　⌣3.1416。

2. ```c
#include <stdio.h>
void main()
{
  float a=123.456;
  double b=8765.4567;
  printf("%f\n",a);
  printf("%14.3f\n",a);
  printf("%6.4f\n",b);
  printf("%1f\n",b);
  printf("%14.3f\n",b);
  printf("%8.4f\n",b);
  printf("%.4f\n",b);
}
```

【解答】输出结果为

123.456000

⌣　⌣　⌣　⌣　⌣　⌣　⌣123.457

123.4560

8765.456700

⌣　⌣　⌣　⌣　⌣　⌣8765.457

8765.4567

8765.4567。

3.
```
#include <stdio.h>
void main()
{
    int x =7281;
    printf("x=%3d,x=%6d,x=%6o,x=%6x,x=%6u\n",x,x,x,x,x);
    printf("x=%-3d,x=%-6d,x=%$-06d,x=%%$06d,x=%%06d\n",x,x,x,x,x);
    printf("x=%+3d,x=%+6d,x=%+08d\n",x,x);
    printf("x=%o,x=%#o\n",x,x);
    printf("x=%x,x=%#x\n",x,x);
}
```

【解答】输出结果为

x=7281,x=⌣⌣7281,x=⌣16161,x=⌣⌣1c71,x=⌣⌣7281

x=7281,x=7281⌣⌣,x=$-06d,x=S06d,x=%06d

x=+7281,x=⌣+7281,x=+0007281

x=16161,x=016161

x=1c71,x=0x1c71

4.
```
#include<stdio.h>
void main()
{
    int sum,pad;
    sum=pad=5;
    pad=sum++;
    pad++;
    ++pad;
    printf("%d\n",pad);
}
```

【解答】运行结果为 7。

5.
```
#include<stdio.h>
{
    int i=010,j=10;
    printf("%d,%d\n",++i,j--);
}
```

【解答】运行结果为 9，10。

6. 已知字母 A 的 ASCII 码是 65。

```
#include<stdio.h>
void main()
{
    char c1='A',C2='Y';
    printf("%d,%d\n",c1,c2);
}
```

【解答】运行结果为 65，89。

三、填空

1. 在 printf 格式字符中，只能输出一个字符的格式字符是_____；用于输出字符串的格式字符是_____；以小数形式输出实数的格式字符是_____；以标准指数形式输出实数的格式字符是_____。

【解答】c，s，f，e。

2．假设变量 *a* 和 *b* 为整形，以下语句可以不借助任何变量把 *a*、*b* 中的值进行交换。请填空 a+=____;b=a-____;a-=____;

【解答】b，b，b。

3．有一输入函数 scanf("%d"，k);则不能使用 float 变量 *k* 得到正确数值的原因是_____ 和_____。scanf 语句的正确形式应该是_____。

【解答】未指明变量 *k* 的地址　，格式控制符与变量类型不匹配，

```
scanf("%f", &k); 。
```

4．已有定义 int a;float b，x;char c1，c2;为使 *a*=3，*b*=6.5，*x*=12.6，*c1*='a'，*c2*='A'正确的函数调用语句是_____，输入数据的方式是_____。

【解答】scanf("%d%f%F%c%c",&a，&b，&cl，&c2)，3⌣6.5⌣12.6aA✓。

5．若有以下定义的语句，为使变量 *c1* 得到字符'A'，变量 *c2* 得到字符'B'，正确的格式输入形式是_____。

```
char c1, c2;
scanf("%4c%4c", &c1, &c2);
```

【解答】A⌣ ⌣ ⌣B⌣ ⌣ ⌣✓。

6．以下程序的执行结果是____。

```
#include<stdio.h>
void main()
{
 char c='A'+10;
 printf("c=%c\n",c);
}
```

【解答】c=K。

7．输入任意一个 3 位数，将其各位数字反序输出（例如，输入 123，输出 321）。

```
#include<stdio.h>
void main()
{
    int x ,a ,b, c ;
    printf("请输入一个三位数：");
    scanf("%d", &x);
    a=x/100;
    _____;
    _____;
    printf("反序为：%d%d%d",c,b,a);
}
```

【解答】b=(x/10)%10;

c=x%100;

8．编程序，用 getchar 函数读入两个字符赋给 *c1*、*c2*，然后分别用 putchar 函数和 printf 函数输出这两个字符。

```
#include<stdio.h>
void main()
{
    char c1, c2;
    printf("请输入两个字符赋给 c1 和 c2：\n");
    _____;
    _____;
    printf("用 putchar 函数输出结果为：\n")；
    _____;
    _____;
    printf("\n 用 printf 函数输出结果为：\n")；
    _____;
}
```

【解答】c1=getchar();

　　　　c2=getchar();

　　　　putchar(c1);

　　　　putchar(c2);

　　　　printf("%c, %c\n",c1,c2)；

四、编程题

1. 输入一个非负数，计算以这个数为半径的圆周长和面积。

【解答】

```
#include<stdio.h>
void main()
{
    float r , l, s;
    printf("请输入一个非负数：");
    scanf("%f", &r);
    l=2*3.14*r;
    r=3.14*r*r;
    printf("周长=%8.3f,面积=%8.3f", l, r);
}
```

2. 从键盘输入一个大写字母，改用小写字母输出。

【解答】

```
#include<stdio.h>
void main()
{
    ch   ch;
    printf("请输入一个大写字母：");
    scanf("%c", &ch);
    printf("其小写字母为：%c", ch+32);
}
```

3. 输入三角形的边长，求三角形面积（面积=sqrt($s(s-a)(s-b)(s-c)$)，$s=(a+b+c)/2$）。

【解答】

```
#include<stdio.h>
```

```
#include<math>
void main()
{
    float a, b, c, s, area;
    printf("请输入边长：");
    scanf("%f%f%f", &a, &b, &c);
    s=(a+b+c)/2;
    area =sqrt(s*(s-a)*(s-b)*(s-c));;
    printf("面积=%8.3f", area);
}
```

4．编写摄氏温度、华氏温度转换程序。要求：从键盘输入一个摄氏温度，屏幕就显示对应的华氏温度，输出取两位小数。转换公式：$F=(C+32)\times 9/5$。

【解答】

用顺序结构即可完成题目要求的任务，程序如下：

```
#include<stdio.h>
main()
{   float c,f;
    printf("Input C：");
    scanf("%f",&c);
    f= (c+32.0)*9.0/5.0;
    printf("F=%.2f \n ",f);
}
```

3.4　选择结构程序设计

一、单选题

1．逻辑运算符两侧运算对象的数据类型是（　　　）。

    A．只能是 0 或 1　　　　　　　　　　B．只能是 0 或非 0 正数

    C．只能是整型或字符型数据　　　　　D．可以是任何类型的数据

【答案】D。

【分析】C 语言中任何非零数据在逻辑运算时当作逻辑真，0 当作逻辑假，任何类型的数据参与运算只要符合上面原则均是可以的。故选 D。

2．选择出合法的 if 语句（设 int x,a,b,c;）（　　　）。

    A．if(a=b)　　　x++;　　　　　　　B．if(a=<b=　　x++;

    C．if(a<>b=　　x++;　　　　　　　D．if(a=>b)　　x++;

【答案】A。

【分析】A 虽然是赋值语句，但是在逻辑运算中自动将赋值语句的结果当作逻辑值，方法是，如果赋值语句的结果是非零值则当作逻辑真，否则当作逻辑假。C 语言中关系运算符有<(小于)、>(大于)、>=(大于等于)、<=(小于等于)、==(等于)、!=(不等于)6 种，可见其他的条件表达式中的关系符写错了。

3. 能正确表示"当 x 的取值在[1, 10]或[200, 210]范围内为真, 否则为假"的表达式是( )。

    A. (x>=1)&&(x<=10)&&(x>=200)&&(x<=210)

    B. (x>=1)||(x<=10)||(x>=200)||(x<=210)

    C. (x>=1)&&(x<=l0)||(x>=200)&&(x<=210)

    D. (x>=1)||(x<=10)&&(x>=200)||(x<=210)

【答案】C。

【分析】根据 C 语言运算符的优先级, && 要高于||, 所以先算"与"再算"或", 符合题意。C 选项中, 当 x 取值在[1, 10]时, 表达式(x>=1)&&(x<=l0)为真, 又因为接下来是或逻辑运算符, 故后面的表达式无需判断, 整个表达式即为真。

4. 判断 char 型变量 ch 是否为大写字母的正确表达式是()。

    A. 'A'<=ch<='Z'　　　　　　　　B. (ch>='A')&(ch<='Z')

    C. (ch>='A')&&(ch<='Z')　　　　D. ('A'<=ch)AND('Z'>=ch)

【答案】C。

【分析】A 答案式子不对; B 答案用了位运算符; D 答案用了 AND, 非 C 语言用法, 而 C 答案"&&"是逻辑运算符。

5. 为了避免在嵌套的条件语句 if-else 中产生二义性, C 语言规定: else 子句总是与( ) 配对。

    A. 缩排位置相同的 if　　　　　　B. 其之前最近的 if

    C. 其之后最近的 if　　　　　　　D. 同一行上的

【答案】B。

【分析】C 语言规定: else 总是与它前面最近的 if 配对。编写代码时, 尽量将完成某功能的语句块用{}符号括起来, 这样可避免二义性。

6. 下列运算符中, 不属于关系运算符的是( )。

    A. <　　　　　　B. >=　　　　　　C. ==　　　　　　D. !

【答案】D。

【分析】C 语言中关系运算符有<(小于)、>(大于)、>=(大于等于)、<=(小于等于)、==(等于)、!=(不等于)6 种, ! 是逻辑运算符。

7. 若希望当 A 的值为奇数时, 表达式的值为"真", A 的值为偶数时, 表达式的值为"假"。则以下不能满足要求的表达式是( )。

    A. A%2==1　　B. !(A%2==0)　　C. !(A%2)　　D. A%2

【答案】C。

【分析】%的意思是取余数, 如果 A 是偶数, A%2 的结果是 0, 取反后变为非零, 表示真, 与题目意思刚好相反。

8. 运行两次下面的程序, 如果从键盘上分别输入 6 和 4, 则输出结果是( )。

```c
#include<stdio.h>
void main()
{
 int x;
 scanf("%d", &x);
 if(x++>5) printf("%d", x);
 else printf("%d\n", x--);
}
```

　　A．7 和 5　　　　　　B．6 和 3　　　　　　C．7 和 4　　　　　　D．6 和 4

【答案】A。

【分析】x++和 x--作为表达式时总是先取出 x 的值，然后再修改 x 的值。例如，if(x++>5)这个语句是先之行(x>5)再执行(x=x+1)的；同样 printf("%d\n",x--)　是先输出 x，再进行 x=x-1；因此输入 6 时，先判断 6>5 正确，然后，再进行 6+1=7 运算；输入 4 时，先判断 4>5 错误，然后输出 x，再进行 4-1=3 运算。

9．已知 int x＝10，y＝20，z＝30；以下语句执行后 x、y、z 的值是（　　　）。

```
if(x>y)
    z=x; x=y; y=z;
```

　　A．x＝l0，y＝20，z＝30　　　　　　　　B．x＝20，y＝30，z＝30
　　C．x＝20，y＝30，z＝10　　　　　　　　D．x＝20，y＝30，z＝20

【答案】B。

【分析】该语句中，其实第一个 z=x 并未执行，而后两个 x=y 和 y=z 按顺序执行，if 子句后面只能跟一条语句或者是语句块，如果是语句块，则必须用大括号'{', '}'包含起来。以上语句中只有 z=x 是 if 子句后面跟的执行语句，后两个不是。

10．若运行时给变量 x 输入 12，则以下程序的运行结果是（　　　）。

```
#include<stdio.h>
void main()
{
  int x,y;
  scanf("%d", &x);
  y=x>12?x+10: x-12;
  printf("%d\n",y);
}
```

　　A．0　　　　　　　B．22　　　　　　　C．12　　　　　　　D．10

【答案】A。

【分析】当给 x 输入 12 后,表达式 x>12 的结果是不成立的,所以执行的语句是 x-12,而 x-12=0,所以最终结果应该是 0，即 A 为正确答案。

二、看程序，写运行结果

1．以下程序运行结果是（　　　）。

```
#include<stdio.h>
void main()
{
    int x=2,y=-1,z=2;
    if(x<y)
        if(y<0) z=0;
    else    z+=1;
        printf("%d\n",z);
}
```

【答案】2。

【分析】根据 C 语言规定：else 总是与它前面最近的 if 配对。为此，第一个 if 无 else 配对，z=2 的结果不变。

2. 以下程序的执行结果是（　　　）。

```c
#include<stdio.h>
void main()
{
  int a,b,c,d,x;
  a=c=0;
  b=1;
  d=20;
  if(a)  d=d-10;
  if(!c)
      x=15;
  else
      x=25;
  printf("d=%d\n",d);
}
```

【答案】d=20。

【分析】第一个 if 语句，由于 a=0 为假，不执行后面语句 d=d-10；第二个 if 语句与变量 *d* 无关。

3. 以下程序的执行结果是（　　　）。

```c
#include<stdio.h>
void main()
{ int x=1,y=0;
  switch(x)
 {
   case 1：
     switch(y)
     {
       case 0: printf("first\n");break;
       case 1: printf("second\n");break;
     }
   case 2：printf("third\n");
 }
}
```

【答案】first

　　　　third。

【分析】这是 switch…case 嵌套语句，执行 x=1 时，进入内层 case 语句，根据 y=0 执行 "printf("first\n");" 语句，后面 break 则中断后续语句的执行而直接退出该层次，但由于第一层 case 语句的 case 1 后面语句中无 break 语句，则顺序执行 case 2 后面语句 "printf("third\n");"，从而输出以上结果。

4. 以下程序在输入 5、2 之后的执行结果是（　　　）。

```c
#include<stdio.h>
void main()
{
  int s,t,a,b;
  scanf("%d,%d",&a,&b);
  s=1;
  t=1;
  if(a>0)  s=s+1;
  if(a>b)  t=s+t;
```

```
        else if(a==b)
            t=5;
        else
            t=2*s;
    printf("s=%d,t=%d\n",s,t);
}
```

【答案】 s=2,t=3。

【分析】 根据 C 语言 "else 总是与它前面最近的 if 配对" 的规定，第一个 if 无 else 配对，第二个 if 与第一个 else 配对，第三个 if 与第二个 else 配对。当输入 a=5，b=2 后，第一个 if 语句执行的结果使 s=2，第二个语句执行 a>b 的结果使 t=2+1=3，从而不执行第三个 if 语句。

5. 以下程序的执行结果是（　　）。

```
#include<stdio.h>
void main()
{
  int a=2,b=7,c=5;
  switch(a>0)
  {
    case 1: swith(b<0)
    {
     case 1: printf("@");break;
     case 2: printf("!");break;
    }
    case 0: switch(c==5)
    {
     case 0: printf("*");break;
     case 1: printf("#");break;
     case 2: printf("$");break;
    }
   default: printf("&");
  }
  printf("\n");
}
```

【答案】 #&。

【分析】 这是一个 switch…case 两层嵌套语句。该类语句中若 case 子句中无 break 语句，则就会从上向下一直执行所涉及的语句。该程序执行过程如下。

首先 switch(a>0)，a=2>0 即值为 1，执行第一层次的 "case 1" 语句，但第二层次中 b=7，即 b<0 不成立，也即 b<0 的值为 0，而 switch(b<0) 的 case 中无 "case 0"，从而后面第二层次中的 "case 1" 和 "case 2" 语句均不执行，由于没有 break，于是继续向下执行第一层次的 "case 0"。

执行第一层次 "case 0" 过程中，由于 switch(c==5) 中的 c==5 成立，其值为 1，则执行该语句的第二层次 "case 1: printf("#"); break;" 语句，由于有 break 语句，则跳出该层次回到第一层次，但是最外层的第一层次 switch(a>0) 仍然没有 break，所以继续向下执行。

最后，执行 "default : printf("&");" 语句，但此时仍然没有 break，但 switch 语句已经结束，再执行"\n"，程序结束。

6. 以下程序运行结果是（　　）。

```
#include <stdio.h>
```

```
void main()
{
    int x,y=1;
    if(y!=0) x=5;
    printf("\t%d\n",x);
    if(y==0) x=4;
    else x=5;
    printf("\t%d\n",x);
    x=1;
    if(y<0)
        if(y>0) x=4;
        else x=5;
        printf("\t%d\n",x);
}
```

【答案】5

　　　　5

　　　　1。

【分析】上程序中第三个 if 语句有嵌套，前两个 if 语句没有嵌套。前两个 if 语句根据 y=1 便可得知输出结果均为 5；最后一个 if 语句，根据条件 y<0 便知不成立，后续语句无法执行，只好输出前一赋值语句 x=1 的值。

7. 以下程序的运行结果是（　　　　）。

```
#include<stdio.h>
void main()
{
    int x , y=-2, z=0;
    if((z=y)<0) x=4;
    else if (y==0)
                x=5;
        else
                x=6;
    printf("\t%d\t%d\n",x, z);
    if(z=(y==0))
        x=5;
        x=4;
        printf("\t%d\t%d\n",x,z);
        if(x=z=y)  x=4;
        printf("\t%d\t%d\n",x,z);
}
```

【答案】4,-2;

　　　　4,0;

　　　　4,-2。

【分析】上程序主要考查逻辑关系式与赋值语句的区别和在 if 语句中的作用。第一个 if 语句有嵌套，当 z=y 赋值语句将 y=-2 赋给 z 使 z=-2 后，if 语句条件成立，执行后续 x=4 语句，else 后面第二层次的 if 语句便不再执行；从而输出 4 和-2；接着执行 if(z=(y==0)) x=5 语句，由于 y==0 的值是 0，且这一值同时赋给了 z，使 z=0，则该 if 条件不成立，便执行后续 x=4 语句，从而输出 4 和 0；最后执行 if(x=z=y) x=4 语句，由于 y=-2，所以 z=-2，x=-2，这一结果不为 0，所以 if 后面条件为真，则执行后面 x=4，从而输出 4 和-2。

三、程序填空

1. 以下程序对输入两个整数，按从大到小的顺序输出。请在横线上填入正确的内容。

```
#include<stdio.h>
void main()
{
  int x,y,z;
  scanf("%d,%d",&x,&y);
  if(_____)
  { z=x;_____ }
    printf("%d,%d",x,y);
}
```

【答案】x<y，x=y;y=z;。

【分析】这里用到了交换变量的方法，如果交换两个变量，则增加一个临时变量，然后让 3 个变量在赋值语句中的位置形成一个环，如 a=b; b=c; c=a。如果是 n 个变量交换，同样是让它们的位置形成一个环，如 $a_1=a_2$；$a_2=a_3$；$a_3=\ldots a_{n-1}=a_n;a_n=a_1$。

2. 以下程序对输入的一个小写字母，将字母循环后移 5 个位置后输出。如'a'变成'f'，'w'变成'b'。请在横线上填入正确的内容。

```
#include <stdio.h>
void main()
{
    char c;
    c=getchar();
    if(c>='a'&&c<='u') _____;
    else if(c>='v'&&c<='z') _____;
    putchar(c);
}
```

【答案】c=c+5，c=c-21 。

【分析】根据 ASCII 码规律，要使字母循环后移 5 位输出，从 a～u 均不存在问题，但字母 v（ASCII 码值为 118）后移 5 位，则 ASCII 值为 123，不是循环到 a（ASCII 值为 97），从而须执行 c=c-21。

3. 以下程序实现：输入圆的半径 r 和运算标志 m，按照运算标志进行指定运算。请在横线上填入正确内容。其中 a 代表求面积，c 代表求周长，b 代表求二者均计算。

```
#include<stdio.h>
#define pi 3.14159
void main()
{
 char m;
 float r,c,a;
 printf ("input mark a c or b && r\n");
 scanf ("%c %f",&m,&r);
 if(_____)
    { a= pi*r*r;printf ("area is %f",a);}
 if(_____)
    { c=2* pi*r;printf ("circle is %f",c);}
 if(_____)
    { a= pi*r*r;c=2* pi*r;printf ("area && circle are %f %f",a,c);}
}
```

【答案】m=='a', m=='c', m=='b' 。

【分析】m 作为标志变量引入，if 条件判断时须依其变化确定后面的操作。根据题意，只有输入的 m 值（即字符）与 a、b 和 c 分别对应时才会执行。

4. 以下程序的功能是计算一元二次方程 $ax^2+bx+c=0$ 的根。请在横线上输入正确内容。

```c
#include<math.h>
#inclued<stdio.h>
void main()
{ float a,b,c,t,disc,twoa,term1,term2;
  printf("enter a,b,c: ");
  scanf("%f %f %f",&a,&b,&c);
  if(_____)
      if(_____)
          printf("input error\n");
      else
          printf("the single root is%f\n",-c/b);
   else
     { disc=b*b-4*a*c;
       twoa=2*a;
       term1=-b/twoa;
       t=abs(disc);
       term2=sqrt(t)/twoa;
  if(_____)
    printf("complex root\n real part=%f imag part=%f\n",term1,term2);
  else
      printf("real roots\n root1=%f root2=%f\n",term1+term2,term1-term2);
  }
}
```

【答案】a==0, b==0, disc<0。

【分析】这是一个一元二次方程根的求解程序。程序中除 a、b、c 为方程的系数，变量 disc 代表方程根判别式的值，变量 twoa 代表两个根时的分母，变量 t 为 disc 绝对值的临时变量，变量 term1 和 term2 即为两个根的值。根据程序输出 printf 语句可知，第一个空即为 a 的值为 0 时输出单根；第二空即为 b 也为零时无法求解的情况，第三空即为判别式小于零时输出复数根。

5. 以下程序根据输入的三角形的三边判断是否能组成三角形，若可以则输出它的面积和三角形的类型。请在横线上填入正确内容。

```c
#include<math.h>
void main()
{
  floata,b,c;
  floats,area;
  scanf("%f %f %f",&a,&b,&c);
  if(_____)
    { s=(a+b+c)/2;
      area=sqrt(s*(s-a)*(s-b)*(s-c));
      printf("%f",area);
      if(_____)
          printf("等边三角形");
      else if(_____)
          printf("等腰三角形");
```

```
        else if((a*a+b*b==c*c||(a*a+c*c==b*b||(b*b+c*c==a*a))
               printf("直角三角形");
            else printf("一般三角形");
        }
    else
        printf("不能组成三角形");
}
```

【答案】a+b>c&&b+c>a&&a+c>b，　a==b&&b==c，　a==b||a==c||b==c 。

【分析】组成三角形的条件是任意两边之和大于第三边，这一点决定了第一个空的答案；第二空要根据"三边相等才能成为等边三角形"来确定；第三空是等腰三角形的要求，即任意两边相等即为等腰三角形。

6. 服装店经营套服，也单件出售，若买的不少于 50 套，每套 80 元；不足 50 套的每套 90元；只买上衣每件 60 元；只买裤子每条 45 元。输入所买上衣 *c* 和裤子 *t* 的件数，计算应付款 *m*。

```
#include<stdio.h>
void main()
{
  int c,t,m;
  printf("Input the number of coat and trousers your want buy: \n");
  scanf("%d%d",&c,&t);
  if(c==t)
     if(c>=50)
        _____
     else
        _____
  else
     if(c>t)
        if(t>=50)
           _____
        else
           _____
     else
        if(_____)
           m=c*80+(t-c)*45;
        else
           _____
  printf("%d",m);
}
```

【答案】m=c*80;，m=c*90;，m=t*80+(c-t)*60;，m=t*90+(c-t)*60;，c>=50，m=c*90+(t-c)*45;。

【分析】程序表明，当购者同时买了上衣和裤子时，相同数量的上衣与裤子按套处理，多出部分按单件处理。只有 50 套以上的价格与 50 套以下的价格不一样。为此第一空与第二空是在上衣与裤子数量一致情况下按套处理的计算；第三空和第四空则是上衣数量超过裤子数量，且每种数量均超过 50 件的价格计算式；第五空则为裤子数量超过上衣情况下的判断条件，根据下一句程序可知，两种衣服数量是超过 50 的判断条件；第六空即为两种衣服数量不超过 50 的价格计算式。

四、编程题

1. 假设奖金税率如下（*a* 代表奖金，*r* 代表税率）

a<500　　　　　*r*=0%

500<=*a*<1000　　*r*=5%

$1000 <= a < 2000$ $r = 8\%$

$2000 <= a < 3000$ $r = 10\%$

$3000 <= a$ $r = 15\%$

输入一个奖金数，求税率和应缴税款以及实得的奖金数（扣除奖金税后）。

【解答】 题中 r 代表税率，t 代表税款，b 代表实得奖金数。此为分段税率，用 switch...case 语句方便计算。当输入 a 后，利用整除的特性，把奖金 a 的值除以 500 取商作为 switch 语句的判断条件。

```c
#include<stdio.h>
main()
{ float a,r,t,b;
  int c;
   scanf("%f",&a);
   if(a>=3000)
        c=6
   else
        c=a/500;
   switch(c)
   { case 0: r=0;break;
     case 1: r=0.05;break;
     case 2:
     case 3: r=0.08;break;
     case 4:
     case 5: r=0.1;break;
     case 6: r=0.15;break;
   }
   t=a*r;
   b=a-t;
   printf("r=%f,t=%f,b=%f",r,t,b);
}
```

2. 某个自动加油站有 a、b、c 3 种汽油，单价分别为 1.50、1.35、1.18（元/千克），也提供了"自动加"、"自己加"或"协助加" 3 个服务等级，这样的用户可以得到 5% 或 10% 的优惠。针对用户输入加油量 x，为汽油品种 y 和服务类型 z（f——自动，m——自己，e——协助），编程输出应付款 m。

【解答】 加油站有 3 种汽油，也有 3 种加油服务形式，即自动加油、自己加油和协助加油，对应不同的油价。虽可以使用 if 语句，但 switch...case 语句更加明了。

```c
#include<stdio.h>
main()
{float x,r1,r2,m;
char y,z;
scanf("%f  %c  %c",&x,&y,&z);
switch(b)
{ case'a': r1=1.5;break;
  case'b': r1=1.35;break;
  case'c': r1=1.18;break;
}
switch(c)
```

```
{   case'f': r2=0;break;
    case'm': r2=0.05;break;
    case'e': r2=0.1;break;
}
m=a*r1*(1-r2);
printf("%f",m);
}
```

3．编程实现：输入一个整数，判断它能否被 3、5、7 整除，并输出以下信息之一：

（1）能同时被 3、5、7 整除；

（2）能被其中两个数（要指出哪两个）整除；

（3）能被其中一个数（要指出哪一个）整除；

（4）不能被 3、5、7 任一个整除。

【解答】根据题意，此程序编制关键在于关系运算式的正确使用以及 if 语句的应用。

```
#include<stdio.h>
main()
{int x;
scanf("%d",&x);
if(x%3==0)&&(x%5==0)&&(x%7==0))
    printf("%d can be devided by 3,5,7\n",x);
else if((x%3==0)&&(x%5==0))
    printf("%d can be devided by 3,5,\n",x);
else if((x%3==0)&&(x%7==0))
    printf("%d can be devided by 3,7\n",x);
else if((x%5==0)&&(x%7==0))
    printf("%d can be devided by 5,7\n",x);
else if (x%3==0)
    printf("%d can be devided by 3\n",x);
else if(x%5==0)
    printf("%d can be devided by 5\n",x);
else if (x%7==0)
    printf("%d can be devided by 7\n",x);
else
    printf("%d cannot be devided by 3,5,7\n",x);
}
```

4．编程实现以下功能：读入两个运算数（data1 和 data2）及一个运算符（op），计算表达式 data1 op data2 的值，其中 op 可为+、-、*、/（用 switch 语句实现）。

【解答】此题中程序编制时注意在 case 语句中 break 语句的使用，若缺乏 break 将会导致计算结果的错误。

```
#include<stdio.h>
#include<stdlib.h>
main()
{float data1,data2,data3;
char op;
printf("\nType inyour expression: ");
scanf("%f %c %f",&data1,&op,&data2);
switch (op)
    {case'+': data3=data1+data2;
                break;
```

```
case'-': data3=data1-data2;
            break;
case'*': data3=data1*data2;
            break;
case'/': if (data2==0)
            {printf("\nDivision by zero!");
             exit(1);}
            data3=data1/data2;
            break;
    }
printf("This is %6.2f %c %6.2f=%6.2f\n",data1,op,data2,data3);
}
```

3.5 循环结构程序设计

一、单选题

1. 下面有关 for 循环的正确描述是（　　　）。

　　A. for 循环只能用于循环次数已经确定的情况。

　　B. for 循环是先执行循环体语句，后判定表达式。

　　C. 在 for 循环中，不能用 break 语句跳出循环体。

　　D. for 循环体语句中，可以包含多条语句，但要用花括号括起来。

【答案】D。

【分析】for 循环最适合用在循环次数已定的地方。将 for 循环写成如下 4 部分时：for(①；②；③)④。for 循环执行的顺序是①-②-④-③。其中①为循环初始化，②为循环判断，③循环变量的修改，④为循环体。

2. 对于 for(表达式 1;;表达式 3)可理解为（　　　）。

　　A. for(表达式 1;1；表达式 3)　　　　　　B. for(表达式 1：1；表达式 3)

　　C. for(表达式 1;表达式 1;表达式 3)　　　D. for(表达式 1;表达式 3；表达式 3)

【答案】A。

【分析】如果省略循环判断，则认为循环条件永远成立，即常说的"死循环"。

3. 以下正确的描述是（　　　）。

　　A. continue 语句的作用是结束整个循环的执行。

　　B. 只能在循环体内和 switch 语句体内使用 break 语句。

　　C. 在循环体内使用 break 语句或 continue 语句的作用相同。

　　D. 从多层循环嵌套中退出时，只能使用 goto 语句。

【答案】B。

【分析】continue 是结束循环体内该语句以后的部分，然后又返回到循环判断。break 是直接退出循环到循环体外。

4. C 语言中（　　　）。

　　A. 不能使用 do-while 语句构成的循环

　　B. do-while 语句构成的循环必须用 break 语句才能退出

　　C. do-while 语句构成的循环，当 while 语句中的表达式值为非零时结束循环

D．do-while 语句构成的循环，当 while 语句中的表达式值为零时结束循环

【答案】D。

【分析】C 语言的循环都是当条件为真时执行循环，条件为假时退出循环。

5．C 语言中 while 和 do-while 循环的主要区别是（　　）。

A．do-while 的循环体至少无条件执行一次。

B．while 的循环控制条件比 do—while 的循环控制条件严格。

C．do-while 允许从外部转到循环体内。

D．do-while 的循环体不能是复合语句。

【答案】A。

【分析】此题根据 while 语句和 do-while 语句的特点可以确定。

6．下面程序段不是死循环的是（　　）。

```
A. int I=100;                    B. for ( ; ; );
      while(1)
      { I=I%100+1;
          if(I>100) break;
      }
C. int k=0;                      D. int s=36;
      do{++k; }                       while(s);
      while(k>=0);                     --s;
```

【答案】C。

【分析】A 答案中 I=I%100+1 使得 $I>100$ 难以实现，所以为死循环；B 答案是一个典型的 for 死循环语句；D 答案由于 $s=36$，使 while(s)永远为真，从而出现死循环；C 答案由于++k 总会使最后结果溢出而出现 $k<0$ 情况，所以只要时间足够，便会退出循环，所以不是死循环。

7．以下能正确计算 1*2*3*……*10 的程序是（　　）。

```
A. do{i=1;s=1;               B. do{i=1;s=0;
         s=s*i;                      s=s*i;
         i++;                        i++;
      }while(i<=10);              }while(i<=10);
C. i=1;s=1;                  D. i=1;s=0;
      do{  s=s*i;                  do{ s=s*i;
           i++;                        i++;
      }while(i<=10);              }while(i<=10);
```

【答案】C。

【分析】a 的错误是进入循环体后每次都将 i 和 s 重新赋值为 1，所以 A 是死循环。同理，B 也是死循环。D 中将 s 初始赋为 0，以致最后的结果 s 还是 0，不符合题目要求。

8．下面程序的运行结果是（　　）。

```
#include <stdio.h>
void main()
{ int y=10;
  do{y--;}
  while(--y);
```

```
printf("%d\n",y--);}
```

    A. −1   B. 1   C. 8   D. 0

【答案】A。

【分析】该题可以使用一个简单的做法，要想程序退出循环，则必--y 的值为 0，也就是退出循环时 y 的值为 0。

9. 下面程序的运行结果是（　　　）。

```
#include<stdio.h>
void main()
{   int num=0;
      while(num<=2)
      { num++;
           printf("%d\n",num);
      }
}
```

    A. 1   B. 1 2   C. 1 2 3   D. 1 2 3 4

【答案】C。

【分析】由于当 num=2 时，while 条件仍然成立，语句中再经过 num++，即 num=3，所以输出是 1 2 3。

10. 若运行以下程序时，从键盘输入 3.6   2.4<CR>（<CR>表示回车），则下面程序的运行结果是（　　　）。

```
#include<math.h>
#include<stdio.h>
void main()
{   float x,y,z;
    scanf("%f%f",&x,&y);
    z=x/y;
    while(1)
    {   if(fabs(z)>1.0)
        {   x=y;y=z;z=x/y;}
        else
            break;
    }
     printf("%f\n",y);
}
```

    A. 1.500000   B. 1.600000   C. 2.000000   D. 2.400000

【答案】B。

【分析】该程序中，当输入 3.6 和 2.4 后，即 x=3.6、y=2.4，z=1.5，经浮点绝对值函数 fabs(z) 判断成立，执行后续语句，使 x=2.4，y=1.5，从而 z=1.6，浮点输出为答案 B。

二、看程序，写运行结果

1. 若运行以下程序时，从键盘输入 2473↙，则下面程序的运行结果是（　　　）。

```
#include<stdio.h>
void main()
{int c;
while((c=getchar())!='\n')
switch(c-'2')
```

```
{case 0:
case 1:  putchar(c+4);
case 2:  putchar(c+4);break;
case 3:  putchar(c+3);
default:  putchar(c+2);break;
}
printf("\n");
}
```

【答案】668977。

【分析】第一个字符是'2'，变量 c 接受一个字符 2，但是由于用的是 getchar()函数，因此虽然定义 c 为 int 型，此时 c 中仍然存放的是字符'2'，而不是数字 2，也就是 ASCII 码 50，此时 c!='\n'，于是进入 switch 语句，条件是 c-'2'，由于 c='2'，条件也就相当于'2'-'2'，因此结果为 0，进入 case 0，但是 case 0 后面没有语句，也没有 break，于是继续执行 case1 后面的语句 puchar(c+4) ，此时 c 的 ASCII 码是'2'也就是 50，加上 4 以后就是字符'6'的 ASCII 码 54，因此屏幕输出一个 6，但是 case 1 后面也没有 break 语句，因此继续执行 case 2 后面的语句，putchar(c+4)仍然是输出一个 6，此时遇到了 break 语句，跳出循环，继续输入字符。

第二个字符是'4'，用同样的道理分析一下，后面的都相同。

2．若运行以下程序时，从键盘输入 ADescriptor✓，则下面程序的运行结果是（   ）。

```
#include <stdio.h>
void main()
{char c;
int v0=0,v1=0,v2=0;
do{
switch(c=getchar())
{case 'a': case 'A':
case 'e': case 'E'
case 'i': case 'I':
case 'o': case 'O':
case 'u': case 'U': v1+=1;
default: v0+=1; v2+=1;}
}while(c!='n\');
printf("v0=%d,v1=%d,v2=%d\n",v0,v1,v2);
}
```

【答案】v0=12，v1=4，v2=12。

【分析】getchar 函数取字符直到回车为止，且将回车算在内，"while(c!='\n');" 在 switch(c=getchar())之后才判断回车，所以回车也算在 v0v2 内；case 后面没跟 break，如果一个 case 匹配后，后面的 case 不再判断，直接执行，直到遇到 break；它这里的 case 遇到 AEIOU，不管大小写都递增 v1，v1 就是元音字母的个数，ADescriptor 中一共有 4 个 case 中的字符；因为之前没有 break，所有字符都会执行到 default 的语句， v0 和 v2 就是所有字符的个数。

3．下面程序的运行结果是（   ）。

```
#include<stdio.h>
void main()
{ int i,b,k=0;
```

```
for(i=1;i<=5;i++)
{   b=i%2;
    while(b-->=0)  k++;
}
printf("%d,%d",k,b);
}
```

【答案】8，-2。

【分析】执行过程如下表。

i	b	k+	b-	k++	b--
1	1	1	0	2	-1
2	0	3	-1		
3	1	4	0	5	-1
4	0	6	-1		
5	1	7	0	8	-1
					-2

4. 下面程序的运行结果是（　　　）。

```
#include<stdio.h>
void main()
{   int a,b;
    for (a=1,b=1;a<=100;a++)
    {   if(b>=20)  break;
        if(b%3==1)  {b+=3;  continue;}
        b-=5;
    }
    printf("%d\n",a);
}
```

【答案】8。

【分析】每次循环 b 除 3 的余数总是 1，即是说每次循环都会执行 b+=3;由于 1+3*7>20，故知道循环了 7 次，a++也做了 7 次，所以是 8。

5. 下面程序的运行结果是（　　　）。

```
#include<stdio.h>
void main()
{   int i,j,x=0;
    for (i=0;i<2;i++)
    {   x++;
        for(j=0;j<=3;j++)
        {   if(j%2) continue;
            x++;
        }
        x++;
    }
    printf("x=%d\n",x);
}
```

【答案】x=8。

【分析】程序中有两个 for 语句，成嵌套形式，内循环可进行 4 次，由于 continue 语句用于结束本次循环，进入下一次循环，因此内循环实际只在 j=0 和 j=2 时才执行 x++，第一次外循环结束，x=4；两次外循环结束即得 8。

6．下面程序的运行结果是（　　）。

```
#include<stdio.h>
void main()
{ int i;
  for (i=1;i<=5;i++)
  { if(i%2)  printf("*");
      else    continue;
      printf("#");
  }
  printf("$\n");
}
```

【答案】*#*#*#$。

【分析】continue 语句的作用是用于结束本次循环，进入下一次循环，只有 i%2 的值为 1 时才输出"*#"，该 for 循环一共有 i=1、i=3、i=5 三次，从而有上面的输出结果。

7．下面程序的运行结果是（　　）。

```
#include<stdio.h>
void main()
{ int i,j,a=0;
  for(i=0;i<2;i++)
  {   for (j=0; j<4; j++)
      {  if (j%2) break;
          a++;
      }
      a++;
  }
  printf("%d\n",a);
}
```

【答案】4。

【分析】break 语句的作用是不执行本次循环后面的语句，并跳出本层循环，这样内层循环当 j=1 时便中止退出，因此一次外循环 a=2，当外层循环进行第二次时 a=4。

8．下列程序运行后的输出结果是（　　）。

```
#include<stdio.h>
void main()
{
  int i,j,k;
  for(i=1;i<=4;i++)
  {
    for(j=1;j<=20-3*i;j++)
      printf(" ");
    for(k=1;k<=2*i-1;k++)
      printf("%3s","*");
    printf("\n");
  }
  for(i=3;i>0;i--)
  {
```

```
        for(j=1;j<=20-3*i;j++)
            printf(" ");
        for(k=1;k<=2*i-1;k++)
            printf("%3s","*");
        printf("\n");
    }
}
```

【答案】: *
      * * *
    * * * * *
  * * * * * * *
    * * * * *
      * * *

        *

【分析】此程序中有两组两层 for 嵌套循环语句，第一组 for 嵌套循环语句完成上半段正三角排列 "*"；第二组 for 嵌套循环语句完成下半段倒三角排列 "*"。

9. 下列程序运行后的输出结果是（   ）。

```
#include<stdio.h>
void main()
{
    int i,j,k;
    for(i=1;i<=6;i++)
    {
        for(j=1;j<=20-3*i;j++)
            printf(" ");
        for(j=1;j<=i;j++)
            printf("%3d",j);
        for(k=i-1;k>0;k--)
            printf("%3d",k);
        printf("\n");
    }
}
```

【答案】
          1
        1 2 1
      1 2 3 2 1
    1 2 3 4 3 2 1
  1 2 3 4 5 4 3 2 1
1 2 3 4 5 6 5 4 3 2 1

【分析】该程序有两层嵌套 for 循环语句，外层控制输出数字层数；内层三个 for 语句中，第一个 for 语句控制每层左边空格，第二个 for 语句控制每层从左边到中间的数字，第三个 for 语句控制每层中间右边数字（除中间数字）。

三、程序填空

1. 下面程序的功能是将小写字母变成对应的大写字母后的第二个字母，其中 y 变成 A，z 变成 B，请在横线上填入正确内容。

```
#include<stdio.h>
```

```
void main()
{
    char c;
    while((c=getchar())!='\n')
    {   if(c>='a'&&c<='z')
        {_____;
            if(c>'Z'&&c<='Z'+2)
            _____;
        }
        printf("%c",c);
    }
}
```

【答案】：c-=30，c-=26。

【分析】大写字母 ASCII 码比小写字母小 32，减 30 使得转换之后自动后移两位，即 c-=30；当超过 Z 的时候则只能是 y 和 z，英文字母 26 个，所以减 26，即 c-=26。

2．下面程序的功能是将从键盘输入的一组字符中统计出大写字母的个数 m 和小写字母的个数 n，并输出 m、n 中的较大数，请在横线上填入正确内容。

```
#include<stdio.h>
void main()
{
    int m=0,n=0;
    char c;
    while((_____)!='\n')
    {   if(c>='A'&&c<='Z')   m++;
        if(c>='a'&&c<='z')   n++;
    }
    printf("%d\n",m<n? _____);
}
```

【答案】c=getchar()，n：m。

【分析】根据题意，要从键盘输入一组字符，用 getchar()函数执行最好；表达式"条件? 结果 1：结果 2"意思是，满足条件，返回结果 1，否则返回结果 2，正好符合题意。

3．下面程序的功能是把 316 表示为两个加数分别能被 13 和 11 整除。请在横线上填入正确内容。

```
#include <stdio.h>
void main()
{
    int i=0,j,k;
    do{i++;k=316-13*i;}
    while(_____);
    j=k/11;
    printf("316=13*%d+11*%d",i,j);
}
```

【答案】k%11。

【分析】这个时候是判定 k 是否能被 11 整除，能的话把 k/11 的值赋值给 k。

4．从键盘上输入若干个学生的成绩，统计并输出最高成绩和最低成绩，当输入负数时结束。请在横线上填入正确内容。

```
#include <stdio.h>
void main()
{
    float x, amax, amin;
    scanf("%f",&x);
    amax=x;
    amin=x;
    while( _____ )
    {
        if(x>amax)
            amax=x;
        if( _____ )
            amin=x;
        scanf("%f",&x);
    }
    printf("amax=%f\namin=%f\n",amax, amin);
}
```

【答案】x>=0，x<amin。

【分析】根据题意，当输入负数时结束，则只有输入正数才会进行相应的统计，因此第一空填 x>=0，进入 while 循环后，根据前一个 if 语句可知后一个 if 语句需要填最小值的判断条件。

5．求算式 xyz+yzz=532 中 x、y、z 的值（其中 xyz 和 yzz 分别表示一个三位数）。请在横线上填入正确内容。

```
#include<stdio.h>
void main()
{
    int x,y,z,i,result=532;
    for(x=1;____;x++)
        for(y=1;____;y++)
            for(z=0;_____;z++)
            {
                i=100*x+10*y+z+100*y+10*z+z;
                if(_____)
                    printf("x=%d,y=%d,z=%d\n",x,y,z);
            }
}
```

【答案】x<10，y<10，z<10，i==result。

【分析】根据题意和算式可知：x 和 y 分别作 xyz、yzz 三位数的头一个数，因此其变化是在 1 ~ 9 中的某个数，而 z 可为 0 ~ 9 某个数；最后一个空是在找到相应等式的三位数后要输出相应的数字而需要的判断条件。

6．根据公式 $e=1+1/1!+1/2!+1/3!+\cdots$ 求 e 的近似值，精度要求为 10^{-6}。请在横线上填入正确内容。

```
#include<stdio.h>
void main()
{
    int i;double e,new;
    e=1.0;new=1.0;
    for(i=1; _____ ;i++)
    {
        _____;
```

```
            _____;
        }
    printf("e=%f\n",e)
}
```

【解答】 new>=1e-6，new/=(double)i，e+=new。

【分析】 第一个空通过 for 语句中的条件来设置 e 的计算精度；第二和第三个空为利用所给公式采用的迭代算法。1/(n!) = (1/(n-1)!)/n。

7. 完成用一元人民币换成一分、两分、五分的所有兑换方案。请在横线上填入正确内容。

```
#include<stdio.h>
void main()
{
    int i,j,k,l=1;
    for(i=0;i<=20;i++)
        for(j=0;_____;j++)
        { _____;
            if(k>=0)
            { printf(" %2d, %2d, %2d ",i,j,k);
                _____;
                if(l%5==0)  printf("\n");
            }
        }
}
```

【答案】 j<=50，k=100-i*5-j*2，l=l+1。

【分析】 此程序包括两层 for 循环嵌套语句，外层 for 语句是针对 5 分兑换方案的，内层是针对 2 分兑换方案的，if 语句内是针对 1 分兑换方案的。变量 l 用来控制输出，每排五组。

8. 统计正整数的各位数字中零的个数，并求各位数字中的最大者。请在横线上填入正确内容。

```
#include<stdio.h>
void main()
{
    int n,count,max,t;
    count=max=0;
    scanf("%d",&n);
    do
    {
        _____;
        if(_____)
            ++count;
        else if(_____)
            max=t;
        _____;
    } while(n);
    printf("count=%d,max=%d",count,max);
}
```

【答案】 t=n%10，t==0，max<t，n/=10。

【分析】 第一空来确定判定零的条件算式，第二空为判定条件，第三空为确定最大值的条件，第四空为再次确定数字内的零。

四、编程题

1. 根据公式 $\Pi^2/6 \approx 1/1 + 1/2 + 1/3 + \cdots + 1/n$ ，求 Π 的近似值，直到最后一项的值小于 10^{-6}。

【解答】题意公式用递归方式算法编写，当最后一项的值小于要求精度后，再用平方根求 Π 值。

```
#include<stdio.h>
#include<math.h>
main( )
{ long i=1;
    double    pi=0;
    while(i*i<=10e+6)
    { pi=pi+1.0/(i*i);
      i++;
    }
    Pi=sqrt(6.0*pi);
    printf("pi=%10.6f\n", pi);
}
```

2. 有 1020 个西瓜，第一天卖总量的一半多两个，以后每天卖剩下的一半多两个，问几天后可以卖完，请编程计算。

【解答】变量 $x1$ 代表某天未卖的西瓜数量，$x2$ 是当天卖了一半多两个后的西瓜数量，变量 day 即为卖完西瓜所用天数。

```
#include<stdio.h>
  main( )
  {int day,x1,x2;
   day=0; x1=1020;
   while(x1) {x2=(x1/2-2); x1=x2; day++;}
   printf("day=%d\n",day);
  }
```

3. 编程实现用"辗转相除法"求两个正整数的最大公约数。

【解答】辗转相除法的原理是用两数中较大的数除以小的数，得到相应的余数，若余数不为零，则再将余数当小的数，前一个小的数当较大的数，再次用大数除以小数，得到相应的余数，直到得到的余数为零，则小的数为最大公约数。设 m、n 为两个输入的数，r 为余数。

```
#include<stdio.h>
main( )
{  int r,m,n;
   scanf("%d%d",&m,&n);
   if (m<n) {r=m,m=n,n=r};
   r=m%n;
   while(r) {m=n; n=r; r=m%n;}
   printf("%d\n",n);
}
```

4. 等差数列的第一项 $a=2$，公差 $d=3$，编程实现在前 n 项和中，输出能被 4 整除的所有的和。

【解答】等差数列前 n 项的和为 sum=$a+(a+d)+(a+2d)+\ldots+(a+(n-1)d)$。据此可用递归法编写方程求解。

```
#include<stdio.h>
 main()
 { int a,d,sum;
    a=2;d=3;sum=0;
    do
    { sum+=a;
      a+=d;
      if(sum%4==0)
          printf("%d\n",sum);
    } while(sum<200);
 }
```

5．求出用数字 0~9 可以组成多少个没有重复的三位偶数。

【解答】利用三层 for 循环，三位数的个位只能是偶数才能保证三位数的数为偶数。利用 if 语句以确定没有重复的三位数。

```
#include<stdio.h>
 void main()
     {
     int i,j,m,n=0;
       for(i=1;i<10;i++)
             for(j=0;j<10;j++)
                   for(m=0;m<10;m+=2)
                         if(i!=j && i!=m && j!=m) n++;

       printf("%d",n);
 }
```

6．输出 1~100 每位数的乘积大于每位数的和的数。

【解答】依题意，编写程序的关键是将两位以上的数分开，并分别求出每位数的乘积 k 和每位数的和 s。

```
#include<stdio.h>
 main()
 { int n,k=1,s=0,m;
    for(n=1;n<=100;n++)
    { k=1;s=0;
      m=n;
      while(m)
      { k*=m%10;
         s+=m%10;
         m/=10;
      }
    if(k>s) printf("%d",n);
    }
 }
```

7．下面程序的功能是求 1000 以内的所有完全数。（说明：一个数如果恰好等于它的因子之和（除自身外），则称该数为完全数，例如：6=1+2+3，6 为完全数）

【解答】通过整除的方式求数的因子，然后将因子相加与自身对比。

```
#include<stdio.h>
 main()
 { int a,i,m;
```

```
for(a=1;a<=100;a++)
{  for(m=0,i=1;i<=a/2;i++)  if(!(a%i))  m+=i;
    if(m==a)  printf("%4d",a);
}
}
```

8. 有一堆零件（100~200），如果分成 4 个零件一组的若干组，则多 2 个零件；若分成 7 个零件一组，则多 3 个零件；若分成 9 个零件一组，则多 5 个零件。求这堆零件总数。

【解答】同时满足这 3 个条件的个数即为零件的个数，遍历加条件判断。

```
#include <stdio.h>
 main()
 {int i;
  for(i=100;i<200;i++)
      {if((i-2)%4!=0)continue;
      if((i-3)%7!=0) continue;
      if((i-5)%9!=0) continue;
      printf("%d",i);
      }
 }
```

3.6　数　　组

一、单选题

1. 若有定义：int a[10];，则数组 a 元素的正确引用是（　　）。

　　A．a[10]　　　　B．a[3.5]　　　　C．a(5)　　　　D．a[10-10]

【答案】D。

【分析】A 答案越界；B 答案中下标是小数，不合法；C 答案格式错误；a[10-10]即为 a[0]，不越界，且合法，正确的。

2. 若有以下语句，则正确的描述是（　　）。

　　char x[]="12345";

　　char y[]={'1', '2', '3', '4', '5'};

　　A．x 数组和 y 数组的长度相同　　　　B．x 数组长度大于 y 数组长度

　　C．x 数组长度小于 y 数组长度　　　　D．x 数组等价于 y 数组

【答案】B。

【分析】x 数组为字符串数组，系统在进行识别时自动在其后面加\0'的；而 y 数组为字符数组，系统识别时是不加任何内容的。

3. 以下能正确定义数组并正确赋初值的选项是（　　）。

　　A．int N=5, a[N][N];　　　　　　B．int b[1][2]={{1}, {2}};

　　C．int c[2][]={{1, 2}, {3, 4} };　　D．int d[3][2]={{1, 2}, {3, 4}};

【答案】D。

【分析】A．数组维数必须为常量；B．b[1][2]数组为一行两列，而后面的初始值为两行一列；C．数组定义错误，数组定义时列数必须写明，而行数可以缺省；D．表示正确，相当于{{1, 2}, {3, 4}, {0, 0}}

4．以下程序的输出结果是（　　　）。

```
char ch[5]={'a', 'b', '\0', 'c', '\0'};
printf("%s", ch);
```

A．a　　　　　　　B．b　　　　　　　C．ab　　　　　　　D．abc

【答案】C。

【分析】字符串总是以'\0'作为串的结束符。有了'\0'标志后，就不必再用字符数组的长度来判断字符串的长度了。

5．判断字符串 s1 是否大于字符串 s2，应当使用（　　　）。

A．if (s1>s2)　　　　　　　　　　　B．if (strcmp(s1，s2))

C．if (strcmp(s2，s1)>0)　　　　　　D．if (strcmp(s1，s2)>0)

【答案】D。

【分析】strcmp(s1，s2)函数作用是比较两个数据的大小，当 s1 == s2 时，该函数返回值为 0；当 s1 > s2 时，该函数返回值为正数；当 s1 < s2 时，该函数返回值为负数。

二、看程序，写运行结果

1.
```
#include <stdio.h>
#include <string.h>
void main()
{
    char arr[2][4];
    strcpy(arr[0],"you");
    strcpy(arr[1],"me");
    arr[0][3]='&';
    printf("%s\n",arr);
}
```

【答案】you&me。

【分析】该数组实际的情况为：arr[2][4] = {{'y','o','u','&'},{'m','e','\0','\0'}}。若该程序中没有 arr[0][i] = '&'；该条语句，则该程序输出则为 you；因为这种情况下 you 后面跟着"\0"，字符串至此结束。

2.
```
#include <stdio.h>
#include <string.h>
void main()
{
    char a[10]={'a','b','c','d','\0','f','g','h','\0'};
    int i,j;
    i=sizeof(a);
    j=strlen(a);
    printf("%d,%d\n",i,j);
}
```

【答案】10，4。

【分析】sizeof 运算符判断数据类型所占内存字节大小，故 i=10，该数组占 10 个字节的内存；strlen 函数则判断字符串实际长度，不包含"\0"，该函数遇到"\0"就会返回，故数组 a 的长度为 4，即只计算了 abcd 这 4 个字符。

3．当运行以下程序时，从键盘上输入：AhaMA[空格]Aha<回车>，则输出结果是_____。

```
#include <stdio.h>
void main()
{
    char s[80],c='a';
    int i=0;
    scanf("%s",s);
    while (s[i]!='\0')
    {
        if (s[i]==c) s[i]=s[i]-32;
        else if (s[i]==c-32) s[i]=s[i]+32;
        i++;
    }
    puts(s);
}
```

【答案】ahAMa。

【分析】在输入数据时，遇到空格则认为该数据结束，故实际上 s = "AhaMA"，接下来 while 中的操作作用是将字符数组中的 'A' 用 'a' 代替，'a' 用 'A' 代替，故最后输出为 "ahAMa"。

4．当执行以下程序时，如果输入 ABC，则输出结果是_____。

```
#include <stdio.h>
#include <string.h>
void main()
{
    char ss[10]="1,2,3,4,5";
    gets(ss);
    strcat(ss,"6789");
    printf("%s\n",ss);
}
```

【答案】ABC6789。

【分析】gets 函数将使用字符串 "ABC" 覆盖原来的 "12345" 字符串，然后再将字符串 "6789" 连接到 "ABC" 上，故输出为 "ABC6789"。

5．
```
#include <stdio.h>
    void main()
    {
        int i,n[]={0,0,0,0,0};
        for (i=1;i<=4;i++)
        {
            n[i]=n[i-1]*2+1;
            printf("%d ",n[i]);
        }
    }
```

【答案】1 3 7 15。

【分析】该程序的作用是输出 i = 1，2，3，4 时，分别的 n[i] 的值，n[i] = n[i-1]*2 + 1，n[0] = 0，由此开始，迭代算出 n[i] 的值。

6．
```
#include <stdio.h>
    void main()
```

```
{
        int a[3][3]={{1,2},{3,4},{5,6}},i,j,s=0;
        for (i=1;i<3;i++)
                for (j=0;j<i;j++)
                        s+=a[i][j];
        printf("%d\n",s);
}
```

【答案】14。

【分析】该程序即计算 a[1][0] + a[2][0] + a[2][1] 的值，对应数组中的数为：3 + 5 + 6 = 14。

7. ```
   #include <stdio.h>
   void main()
   {
           char ch[7]={"12ac56"};
           int i,s=0;
           for (i=0;ch[i]>='0' && ch[i]<='9';i+=2)
                   s=10*s+ch[i]-'0';
           printf("%d\n",s);
   }
   ```

【答案】1。

【分析】只当 i=0 时，循环条件满足，故 $s = 10 * 0 + 1 - 0 = 1$。

8. ```
   #include <stdio.h>
   void main()
   {
           char str[][10]={"Mon","Tue","Wed","Thu","Fri","sat","Sun"};
           int  n=0,i ;
           for(i=0;i<7;i++)
           if(str[i][0]== 'T') n++;
           printf("%d\n",n);
   }
   ```

【答案】2

【分析】改程序的作用是统计以 "T" 开头的字符串的个数，显然只有 "Tue" 和 "Thu" 以 "T" 开头，故 n= 2。

9. ```
   #include <stdio.h>
   void main()
   {
           int  a[3][3]={{1,2,9},{3,4,8},{5,6,7}},i,s=0;
           for(i=0;i<3;i++)
                   s+=a[i][i]+a[i][3-i-1];
           printf("%d\n",s);
   }
   ```

【答案】30。

【分析】该程序的作用是将数组的对角线上的数字相加。

10. ```
    #include <stdio.h>
    void main()
    {
    ```

```
int num[10]={1,0,0,0,0,0,0,0,0,0};
int i,j;
for (j=0;j<10;++j)
        for (i=0;i<j;++i)
                num[j]=num[j]+num[i];
for (j=0;j<10;j++)
        printf("%d ",num[j]);
}
```

【答案】1 1 2 4 8 16 32 64 128 256。

【分析】该程序的作用是将 n[i]换成 n[i-1] + n[i-2] + n[i-3]+...+n[0]。

三、程序填空

1. 以下的程序是求矩阵 a、b 的和，结果存入矩阵 c 中，并按矩阵形式输出。

```
#include<stdio.h>
void main()
{
  int a[3][4]={{3,-2,7,5},{1,0,4,-3},{6,8,0,2}};
  int b[3][4]={{-2,0,1,4},{5,-1,7,6},{6,8,0,2}};
  int i,j,c[3][4];
  for (i=0;i<3;i++)
        for (j=0;j<4;j++)
                c[i][j]=_____;
  for (i=0;i<3;i++)
  {
        for (j=0;j<4;j++)
                printf("%3d",c[i][j]);
        _____;
  }
}
```

【答案】a[i][j]+b[i][j]，putchar('\n')。

【分析】矩阵相加，只需要将矩阵 a 和矩阵 b 上对应维数的数相加，然后赋给矩阵 c 相应维即可。故 c[i][j]= a[i][j]+b[i][j]。输出时每行输出一个换行符即可以矩阵的形式显示出来。

2. 以下程序的功能是从键盘上输入若干个学生的成绩，统计计算出平均成绩，并输出低于平均分的学生成绩，用输入负数结束输入。请填空。

```
void main( )
{
  float  x[1000],   sum=0.0,  ave,  a;
  int    n=0, i;
  printf("Enter mark: \n"); scanf("%f",&a);
  while(a>=0.0&& n<1000)
  {
     sum+ _____;
     x[n]= _____;
     n++;
     scanf("%f",&a);
  }
  ave= _____;
  printf("Output: \n");
```

```
    printf("ave=%f\n",ave);
    for (I=0;I<n;I++)
        if _____  printf ("%f\n",x[I]);
}
```

【答案】=a；a；sum/n；x[i]<ave。

【分析】很明显，该程序中使用 sum 表示总成绩，使用 x[1000]数组存储学生成绩，使用 n 表示学生个数，使用 ave 表示平均分。弄明白这些变量的含义后，程序该怎么填写，一目了然。

3．下面程序的功能是将字符数组 a 中下标值为偶数的元素从小到大排列，其他元素不变。请填空。

```
#include <stdio.h>
#include <string.h>
void main()
{
    char  a[]="clanguage",t;
    int  i, j, k;
    k=strlen(a);
    for(i=0; i<=k-2; i+=2)
        for(j=i+2; j<=k;_____ )
            if( _____ )
            {
                t=a[i]; a[i]=a[j]; a[j]=t;
            }
            printf("%s\n",a);
        }
}
```

【答案】j+=2；a[i]>a[j]。

【分析】对下标值为偶数的元素进行冒泡排序。

四、编程题

1．输入两个字符串 str1 和 str2，将字符串 str2 倒置后接在字符串 str1 后面。

例如：str1="How do "，str2="?od uoy"，结果输出："How do you do?"。

【解答】先将 str2 反过来，然后连接到 str1 上面，然后输出。

```
#include <stdlib.h>
#include <stdio.h>
#include <conio.h>
#define N 40
void fun(char *str1,char *str2)
{
int i=0,j=0,k=0,n;
char ch;
char *p1=str1;
char *p2=str2;
while(*(p1+i))
i++;
while(*(p2+j))
j++;
n=j--;
for(;k<=j/2;k++,j--)
{
```

```
ch=*(p2+k);
*(p2+k)=*(p2+j);
*(p2+j)=ch;
}
 *(p2+n)='\0';
for(;*p2;i++)
*(p1+i)=*p2++;
*(p1+i)='\0';
}
void main()
{
char str1[N],str2[N];
system("CLS");
printf("***Input the string str1 & str2***\n");
printf("\nstr1: ");
gets(str1);
printf("\nstr2: ");
gets(str2);
printf("*** The string str1 & str2 ***\n");
puts(str1);
puts(str2);
fun(str1,str2);
printf("*** The new string ***\n");
puts(str1);
}
```

2. 找出 100～n（不大于 1000）之间百位数字加十位数字等于个位数字的所有整数，把这些整数放在数组中，并 5 个一行输出。

【解答】先遍历 100~1000 的所有数，然后筛选出满足百位数字加十位数字等于个位数字条件的数存储到数组中。最后，按照 5 个一行的形式输出。

```
#include <stdio.h>
void main()
{
 int a[100];
 int num,i,j;
 int bw,sw,gw;
 bw=sw=gw=0;
 i=0;

 for(num=100;num<1000;num++)
 {
     bw=num/100;
     sw=(num%100)/10;
     gw=num%10;
     if(gw==(bw+sw))
     {
         a[i]=num;
         i++;
     }
 }

 for(j=0;j<i;)
 {
```

```
        printf("%d ",a[j]);
        j++;
        if(j%5==0)
            putchar('\n');
    }
}
```

3．求数列 1，3，3，3，5，5，5，5，5，7，7，7，7，7，7，7 的第 40 项。

【解答】所有奇数项相加大于等于 40 时的奇数即为所求项。

```
#include<stdio.h>
void main()
{
int i=1,s=0,k=0;
for(int n=0,x=0;n<40;i+=2,n+=i)
{
if(n<10)
{
s=s+i*i;
k=i;
}
}
s=s+k+2;
printf("i=: %d,s=%d",i,s);
getchar();
}
```

3.7　结构体和共同体

一、单选题

1．已知学生记录描述为

```
struct student
{
    int no;
    char name[20];
    char sex;
    struct
    {
        int year;
        int month;
        int day;
    }birth;
};
struct student s;
```

设变量 *s* 中的"生日"应该是"1984 年 11 月 11 日"，下列对"生日"的正确赋值方式是(　　)。

    A．year=1984;　　B．birth.year=1984;　　C．s.year=1984;　　D．s.birth.year=1984;

       month=11;　　　　　birth.month=11;　　　　s.month=11;　　　　s.birth.month=11;

       day=11;　　　　　　birth.day=11;　　　　　s.day=11;　　　　　s.birth.day=11;

【答案】D。

2．以下程序的运行结果是（　　　）。

```
#include <stdio.h>
void main()
{
  struct date
    {
        int year,month,day;
    }today;
 printf("%d\n",sizeof(struct date));
}
```

A．6　　　　　B．8　　　　　C．10　　　　　D．12

【答案】A(tubro C) 或者 D(Visual C++)。

【分析】注意：TC 中 int 类型是占两个字节，而在 Visual C++中 int 类型占 4 个字节。

3．能定义 s 为合法的结构体变量的是（　　　）。

　A．typedef　struct　abc　　　　　　　B．struct　abc
　　　　{　double　a;　　　　　　　　　　　　{　double　a;
　　　　　char　b[10];　　　　　　　　　　　　char　b[10];
　　　　}s;　　　　　　　　　　　　　　　　};
　　　　　　　　　　　　　　　　　　　　　　abc　s;

　C．typedef　struct　　　　　　　　　　D．typedef　abc
　　　　{　double　a;　　　　　　　　　　　　{　double　a;
　　　　　char　b[10];　　　　　　　　　　　　char　b[10];
　　　　}abc;　　　　　　　　　　　　　　　};
　　　　abc　s;　　　　　　　　　　　　　　abc s;

【答案】B 或者 C。

【分析】B 选项在定义结构体类型的同时，创建了一个结构体变量 s；C 选项先定义了一个结构类型 abc，然后再定义一个 abc 类型的结构体变量。A 选项定义了一个结构体类型 s，它和 struct abc 一样。

4．设有如下说明：

```
typedef struct ST
{ long a; int b; char c[2]; } NEW;
```

则下列叙述中正确的是（　　　）。

　A．以上的说明形式非法　　　　　　　B．ST 是一个结构体类型
　C．NEW 是一个结构体类型名　　　　　`D．NEW 是一个结构体变量

【答案】C。

【分析】struct ST 为结构类型名，typedef struct ST NEW; 声明 NEW 为一种和 struct ST 类型一样的结构类型。

5．C 语言结构体类型变量在程序执行期间（　　　）。

　A．所有成员一直驻留在内存中　　　　B．只有一个成员驻留在内存中
　C．部分成员驻留在内存中　　　　　　D．没有成员驻留在内存中

【答案】A。

6. 若有下列说明和定义。

```
union dt
{ int a; char b; double c;}data;
```

下列叙述中错误的是（　　　）。

A. data 的每个成员起始地址都相同。

B. 变量 data 所占内存字节数与成员 c 所占字节数相等。

C. 程序段：data.a=5;printf("%f\n",data.c);输出结果为 5.000000。

D. data 可以作为函数的实参。

【答案】D。

7. 有以下程序：

```
#include <stdio.h>
void main()
{
    union
    {
        unsigned int n;
        unsigned char c;
    }u1;
    u1.c='A';
    printf("%c\n",u1.n);
}
```

执行后输出结果是（　　　）。

A. 产生语法错　　　B. 随机值　　　　　　C. A　　　　　　　　　D. 65

【答案】C。

【分析】本题的考点是共用体中成员的引用。根据共用体的定义可知，系统给共用体变量 $u1$ 分配的内存空间是 2 个字节。

执行完 u1.c='A';后，第一个字节将会被赋值，第一个字节单元的内容由之前的随机值变成了字符'A'的 ASCII 码值，即十进制 65 的二进制形式 0100 0001。

printf("%c\n"，u1.n);输出函数以"%c\n"的格式来读取共用体变量 $u1$ 的内存空间，并且以字符的形式输出，所以执行完该句，屏幕上显示为 A。

8. C 语言共用体类型变量在程序运行期间（　　　）。

A. 所有成员一直驻留在内存中

B. 只有一个成员驻留在内存中

C. 部分成员驻留在内存中

D. 没有成员驻留在内存中

【答案】B。

二、看程序，写运行结果

1.
```
#include<stdio.h>
#include<string.h>
union pw
{
```

```
    int i;
    char ch[2];
}a;
void main()
{
    a.ch[0]=13;
    a.ch[1]=0;
    printf("%d\n", a.i);
}
```

【解答】13。

【考点分析】根据共用体的定义知，编译系统将给共用体变量 *a* 分配 2 个字节的内存空间。

a.ch[0]=13;第一个字节存放的数据是十进制 13，二进制形式为 0000 1101；

a.ch[1]=0;第二个字节存放的数据是十进制 0，二进制形式为 0000 0000。

printf("%d\n", a, i);以"%d\n"格式读取共用体变量 *a* 的内存空间，整型成员 a、i 的高八字节内存里的内容为 0000 0000，低八字节内存里的内容为 0000 1101，所以屏幕上的输出为：13。

```
2.  #include<stdio.h>
    typedef union{
        long a[2];
        int b[4];
        char c[8];
    }TY;
    TY our;
    void main()
    {
            printf("%d\n",sizeof(our));
    }
```

【解答】16。

【考点分析】本题考点是 typedef 的使用和共用体的内存分配，见选择题中第 6、第 8、第 9、第 10 题中的解释。

```
3.  #include<stdio.h>
    void main()
        {
            struct EXAMPLE
            {
                struct{
                    int x;
                    int y;
                }in;
                int a;
                int b;
            }e;
            e.a=1;e.b=2;
            e.in.x=e.a*e.b;
            e.in.y=e.a+e.b;
            printf("%d,%d",e.in.x,e.in.y);
        }
```

【解答】2，3。

【考点分析】本题的考点是结构体中包含结构体的定义。例如，struct EXAMPLE 结构体类型中包含了 3 个成员：struct{ int x;　int y;}in、a、b；struct{ int x;　int y;}结构体类型中包含了两个成员：x、y。题目中结构体变量 *e* 是 struct EXAMPLE 类型。对于成员 a 和 b 的引用方式是 e.a 和 e.b，对于 struct{ int x;　int y;}in 的引用是 e.in，对于结构体 struct{ int x;　int y;}in 中成员 x 和 y 的引用是 e.in.x 和 e.in.y。

三、程序填空

1. 以下程序用以输出结构体变量 bt 所占内存单元的字节数。

```
struct ps
{
    double i;
    char arr[20];
};
void main()
{
    struct ps bt;
    printf("bt size: %d\n",_____)
}
```

【解答】sizeof(struct ps)。

2. 以下程序段的功能是找出年龄最大的学生。

```
#include<stdio.h>
struct student
{
    char sno[6];
    char name[16];
    int age;
};
void main()
{
    struct student stu[4]={{"10001","张三",18},{"10002","里斯",20},
                           {"10003","王武",17},{"10004","钱柳",19}};
    int i,j=0;    /*j 表示最大年龄学生在数组中的下标*/
    int max=0;
    for (i=0;i<4;i++)
        if (_____ )
        {
            _____;
            j=i;
        }
    printf("年龄最大的学生是：%s,%s,%d 岁。\n", _____);
}
```

【解答】if(stu[i].age>max)

　　　　　max=stu[i].age;

　　　　　stu[j].sno,stu[j].name,stu[j].age

完整的源代码及注释如下：

```
#include <stdio.h>
#include <conio.h>
```

```
struct student
{
    char sno[6];
    char name[16];
    int age;
};
void main()
{
    struct student stu[4]={{"10001","张三",18},{"10002","里斯",20},{"10003","王武
",17},{"10004","钱柳",19}};
    int i,j=0;                    /*j 表示最大年龄学生在数组中的下标*/
    int max=0;                    /*变量 max 用来存放最大的年龄值，初始化为 0*/
    for(i=0;i<4;i++)
    {                             //循环加上"{  }"便于程序分析
    if(stu[i].age>max)
    {
    max=stu[i].age;               /*如果当前学生年龄值大于 max，则假定当前学生年龄值为最大，并将其值赋
                                     到 max 变量中*/
     j=i;                         /*j 表示最大年龄学生在数组中的下标，循环结束后可找出年龄最大的学生*/
    }
    }
    printf("年龄最大的学生是：%s,%s,%d 岁。\n",  stu[j].sno,stu[j].name,stu[j].age);
    getch();
}
```

【运行结果】（见图 3.1）

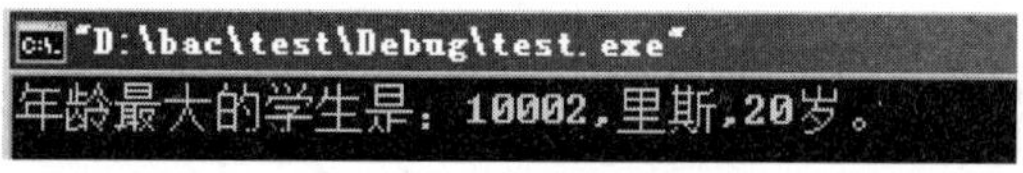

图 3.1　上题运行结果

3．填上能够正确输出的变量及相应格式说明。

```
  union
  {
      int n;
      double x;
}num;
num.n=10;
num.x=10.5;
printf("_____",_____);
```

【解答】%lf　,　num.x。

考点分析：共用体变量 num 占用的内存空间为 8 个字节，对应的输出格式就是 "%lf"。共用体成员 x 的引用格式是 num.x。

四、编程题

1．某组有 4 个学生，填写如表 3.1 所示的登记表，除姓名、学号外，还有 3 科成绩，编程实现对表格的计算，求解出每个人的 3 科平均成绩。

表 3.1 学生登记表

学 号	姓 名	语 文	数 学	外 语	平 均 成 绩
10001	唐僧	78	98	76	
10002	沙和尚	66	90	86	
10003	猪八戒	89	70	76	
10004	孙悟空	90	100	89	

【解答】

```c
# include "stdio.h"
# include "conio.h"
# define N 3
struct student
{
    char   num[6];
    char   name[8];
    float  chinese;
    float  maths;
    float  english;
    float  avr;
}stu[N];

void  main()
{
    int i;
    float  average;
    //数据录入
    for(i=0;i<N;i++)
    {
        printf("请输入学生的成绩(第%d个学生):\n",i+1);
        printf("学号:");
        scanf("%s",stu[i].num);
        printf("姓名:");
        scanf("%s",stu[i].name);
        printf("请输入该学生的语文成绩:");
        scanf("%f",&stu[i].chinese);
        printf("请输入该学生的数学成绩:");
        scanf("%f",&stu[i].maths);
        printf("请输入该学生的外语成绩:");
        scanf("%f",&stu[i].english);
    }
    //计算
    average=0;
    for(i=0;i<N;i++)
    {
        stu[i].avr=(stu[i].chinese+stu[i].maths+stu[i].english)/3.0;

    }
    printf("学号\t姓名\t语文\t数学\t外语\t平均成绩\n");
    for(i=0;i<N;i++)
    {
```

```
        printf("%s\t%s\t%5.2f\t%5.2f\t%5.2f\t%5.2f\n",stu[i].num,stu[i].name,stu[i].
chinese,stu[i].maths,stu[i].english,stu[i].avr);
        }
        getch();

}
```

注意：

结构体的定义可改为：

```
struct student
{
    char    num[6];
    char    name[8];
    float   score[3];
    float   avr;
}stu[N];
```

【运行结果】（见图 3.2）

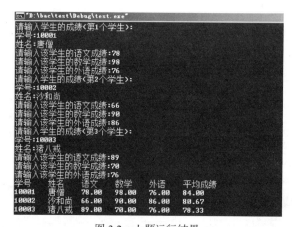

图 3.2 上题运行结果

2．建立一个通讯录的结构记录，包括姓名、年龄、电话号码。先输入 n（$n<10$）个朋友信息，再输入要查询的朋友姓名，若存在于通讯录中，则输出个人信息（包括姓名、年龄和电话号码），否则输出"通讯录中无此人！"的信息。

【解答】

```
#include    "stdio.h"
#include    "string.h"
#include    "conio.h"
# define NUM 3
struct  mem
{
char name[20];
char age[5];
char phone[10];
};

void  main()
{
struct mem man[NUM];
```

```
    int i;
    for(i=0;i<NUM;i++)
    {
        printf("请输入朋友姓名:\n");
        gets(man[i].name);
        printf("请输入朋友年龄:\n");
        gets(man[i].age);
        printf("请输入朋友的电话号码:\n");
        gets(man[i].phone);
        printf("********************\n");
    }
    printf("********************\n");
    printf("您录入的朋友信息如下:\n");
    printf("********************\n");
    printf("姓名\t\t\t 年龄\t\t\t 电话号码\n\n");
    for(i=0;i<NUM;i++)
    {
        printf("%s\t\t\t%s\t\t\t%s\n",man[i].name,man[i].age,man[i].phone);
    }

    printf("**************************\n");
    printf("请输入您要查找的朋友姓名:\n");
    printf("**************************\n");
    char m[20];
    scanf("%s",m);

    for(i=0;i<NUM;i++)
    {
    if(strcmp(man[i].name,m)==0)
    {
        printf("**************************\n");
        printf("您要查找的朋友详细信息如下:\n");
        printf("**************************\n");
        printf("姓名\t\t\t 年龄\t\t\t 电话号码\n\n");
        printf("%s\t\t\t%s\t\t\t%s\n",man[i].name,man[i].age,man[i].phone);
        break;
    }
    if(i==NUM)printf("通讯录中无此人!\n");
    }
        getch();
}
```

注意:

结构体定义为:

```
struct  mem
{
char name[20];
char age[5];
char phone[10];
};
```

年龄定义为字符数组，也可定义为 int 型。

【运行结果】（见图 3.3）

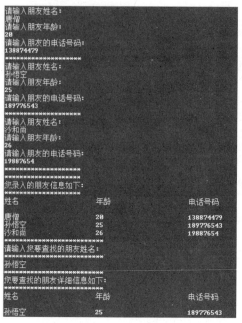

图 3.3　上题运行结果

3.8　函数及编译预处理

一、单选题

1. 以下函数

```
fun(float x)
{
 printf("%f\n",x*x);
}
```

的类型是（　　）。

A. 与参数 x 的类型相同　　　　　　　　B. void

C. int　　　　　　　　　　　　　　　　D. 无法确定

【答案】C。

【分析】本题的考点是函数的定义。缺省类型时默认 int 型。

2. 有以下函数调用语句：

```
func((exp1, exp2), (exp3, exp4, exp5));
```

其中含有的实参个数和是（　　）。

A. 1　　　　　　B. 2　　　　　　C. 4　　　　　　D. 5

【答案】B。

3. 以下叙述中正确的是（　　）。

A. C 语言程序总是从第一个定义的函数开始执行。

B. 在 C 语言程序中，要调用的函数必须在 main( )函数中定义。

  C．C 语言程序总是从 main( )函数开始执行。

  D．C 语言程序中的 main( )函数必须放在程序的开始部分。

【答案】C。

【分析】被调用的函数的定义可以出现在 main( )函数之前，并且可以不必加以声明。

4．若已定义的函数有返回值，则以下关于该函数调用的叙述中，错误的是（ ）。

  A．函数调用可以作为独立的语句存在。

  B．函数调用可以作为一个函数的实参。

  C．函数调用可以出现在表达式中。

  D．函数调用可以作为一个函数的形参。

【答案】D。

【分析】函数的调用可作为一个函数的实参。

5．以下叙述不正确的是（ ）。

  A．局部变量说明为 static 的存储类别，其生存期将得到延长。

  B．全局变量说明为 static 的存储类别，其作用域被扩大。

  C．任何存储类别的变量在未赋初值时，其值都是不确定的。

  D．形参可以使用的存储类别说明符与局部变量完全相同。

【答案】A。

6．在一个源文件中定义的外部变量的作用域为（ ）。

  A．本文件的全部范围   B．本程序的全部范围

  C．本函数的全部范围   D．从定义该变量的位置开始至本文件结束

【答案】D。

【分析】外部变量的作用域从定义处开始，直到所在文件结束为止。

7．C 语言中形参的默认存储类别是（ ）。

  A．自动（auto） B．静态（static） C．寄存器（register）D．外部（extern）

【答案】A。

【分析】C 语言中函数中的形参是自动变量。

8．C 语言中函数返回值的类型由（ ）决定。

  A．return 语句中表达式类型   B．调用函数的主调函数类型

  C．调用函数时的临时类型   D．定义函数时所指定的函数类型

【答案】D。

9．以下叙述中不正确的是（ ）。

  A．在 C 语言中，调用函数时，只能把实参的值传送给形参，形参的值不能传送给实参。

  B．在 C 函数中，最好使用全局变量。

  C．在 C 语言中，形式参数只是局限于所在函数。

  D．在 C 语言中，函数名的存储类别为外部。

【答案】B。

【分析】模块化设计的原则松耦合，高内聚，也就是说函数之间应该尽可能地独立，不要共享太多的全局变量，所以 B 选项是错误的。

10．在 C 语言中（ ）。

  A．函数的定义可以嵌套，但函数的调用不可以嵌套

B．函数的定义和调用均可以嵌套

C．函数的定义和调用均不可以嵌套

D．函数的定义不可以嵌套，但函数的调用可以嵌套

【答案】D。

【分析】本题的考点是函数的定义。不能在一个函数内部再定义函数。

11．以下叙述中正确的是（　　）。

A．用#include 包含的头文件的后缀不可以是".a"。

B．若一些源程序包含某个头文件，当该头文件有错时，只需对该头文件进行修改，包含此头文件的所有源程序不必重新进行编译。

C．宏命令行可以看成是一行 C 语句。

D．C 编译中的预处理是在编译之前进行的。

【答案】D。

【分析】A 选项中用#include 包含的头文件的后缀可以是".a"。可以用任何后缀命名头文件，这只是文件名字的不同。但是习惯上，头文件名都使用.h 等。

B 选项中头文件进行了修改，原程序需要进行重新编译。

C 选项中宏命令行不是 C 语句。C 程序的源代码中可包括各种编译指令，这些指令称为预处理命令。虽然它们实际上不是 C 语言的一部分，但却扩展了 C 程序语言。

12．以下程序：

```
#define N 2
#define M N+1
#define NUM (M+1)*M/2
#include <stdio.h>
void main()
{
    int i;
    for (i=1;i<=NUM;i++);
    printf("%d\n",i);
}
```

for 循环执行的次数是（　　）。

A　3　　　　　　　B　6　　　　　　　C　8　　　　　　　D　9

【答案】C。

【分析】这涉及宏里面的运算优先级的显式表达问题。宏定义的表达式在编译过程的第一步预处理时，编译器会对你的代码中所有出现了宏变量（或者宏函数）的地方做文本替换，注意是文本替换。这就相当于编译器在用你给的答案去填空一样。所以，如果你在给出的"答案"中没有用括号显式地标明你希望的运算顺序，那编译器"填空"后，可能就不是你要的运算顺序了。

根据题意，main 函数中首先调用了 NUM 宏，用$(M+1)*M/2$ 替换 NUM，$(M+1)*M/2$ 中用到了宏 M，用 $N+1$ 替换 M，N 的值为 2，$(M+1)*M/2$ 变成$(N+1+1)*N+1/2$，$(N+1+1)*N+1/2$ 调用宏 N，$(N+1+1)*N+1/2=(2+1+1)*2+1/2=8.5$。for 中循环 8 次。

13．下面是对宏定义的描述，不正确的是（　　）。

A．宏不存在类型问题，宏名无类型，它的参数也无类型。

B．宏替换不占用运行时间。

C．宏替换时先求出实参表达式的值，然后代入形参运算求值。

　　　D．其实，宏替换只不过是字符替代而已。

【答案】C。

【分析】宏替换只作字符的替换，不做计算，不做表达式求解。掌握"宏"概念的关键是"换"。一切以换为前提、做任何处理之前先要换。宏的哑实结合不存在类型，也没有类型转换。

　　宏替换不占运行时间，只占编译时间，函数调用占运行时间（分配内存、保留现场、值传递、返回值）。

14．从下列选项中选择不会引起二义性的宏定义是（　　　）。

　　A．#define POWER(x)　x*x　　　　　　　B．#define POWER(x) (x)*(x)

　　C．#define POWER(x) (x*x)　　　　　　　D．#define POWER(x) ((x)*(x))

【答案】D。

【分析】宏定义时尽量将每个哑元都加括号，将整个宏表达式加括号。

15．设有以下宏定义

```
#define N 3
#define Y(n) ((N+1)*n)
```

　　则执行语句"z=2*(N+Y(5+1));"后，z 的值为（　　　）。

　　A．出错　　　　　　B．42　　　　　　　　C．48　　　　　　　　D．54

【答案】C。

【分析】本题考查的是宏替换。

z=2*(N+Y(5+1))= z=2*(3+((N+1)* 5+1))= 2*(3+((3+1)* 5+1))=2*(3+21)=48。

二、看程序，写运行结果

```
1. #include <stdio.h>
   int sub(int x)
   {
       int y=0;
       static int z=0;
       y+=x++,z++;
       printf("%d,%d,%d,",x,y,z);
       return y;
   }
   void main()
   {
       int i;
       for (i=0;i<3;i++)
           printf("%d\n",sub(i));
   }
```

【解答】

1, 0, 1, 0

2, 1, 2, 1

3, 2, 3, 2。

```
2. #include <stdio.h>
   int x=1,y=2;
   void sub(int y)
   {
```

```
        x++;
        y++;
}
void main()
{
        int x=2;
        sub(x);
        printf("x+y=%d",x+y);
}
```

【解答】x+y=4。

3.
```
#include <stdio.h>
void generate(char x,char y)    /*输出 x-y-x 的系列字符*/
{
        if (x==y) putchar(y);
        else
        {
                putchar(x);
                generate(x+1,y);
                putchar(x);
        }
}
void main()
{
        char i,j;
        for (i='1';i<'6';i++)
        {
                for (j=1;j<60-i;j++)
                        putchar(' ');
                generate('1',i);
                putchar('\n');
        }
}
```

【解答】
```
    1
   121
  12321
 1234321
123454321。
```

4.
```
#include <stdio.h>
#define SQR(x) x*x
void main()
{
        int a,k=3;
        a=++SQR(k+1);
        printf("%d\n",a);
}
```

【解答】9。解释见选择题中的宏替换内容。

三、程序填空

1. 寻找并输出 2000 以内的亲密数对。亲密数对的定义为：若正整数 a 所有因子（不包括 a）和为 b，b 的所有因子（不包括 b）和为 a，且 a! =b，则称 a 和 b 为亲密数对。

程序如下：

```
#include <stdio.h>
int factorsum(int x)
{
int i,y=0;
for (i=1; (1)   ;i++)
      if (x%i==0) y+=i;
return y;
}
void main()
{
int i,j;
for (i=2;i<=2000;i++)
{
    j=factorsum(i);
    if (  (2)   )
        printf("%d,%d\n",i,j);
}
}
```

程序运行结果为：

220，284

1184，1210

【解答】(1)i<x；(2)i==factorsum(j) && i<j。

2. 输入一个大于 5 的奇数，验证歌德巴赫猜想：任何大于 5 的奇数都可以表示为 3 个素数之和（但不唯一），输出被验证之数的各种可能的和式。

程序如下：

```
#include <stdio.h>
int prime(int x)
{
int y=1,i=2;
while(i<x&&y)
{
    if (  (1)  ) y=0;
    i++;
}
return y;
}
void main()
{
int m,i,j;
printf("请输入一个大于 5 的奇数：");
scanf("%d",&m);
if (  (2)   )
{
    for (i=2;i<=m;i++)
        if (prime(i))
```

```
        for (j=i;j<=m-i-j;j++)
            if (    (3)    )
                printf("%d=%d+%d+%d\n",m,i,j,m-i-j);
    }
    else printf("输入错误! ");
    }
```

【解答】(1)x%i==0   (2)m>5 && m%2!=0 (3)prime(j) && prime(m-i-j)

四、编程题

1. 请编一个函数 int fun(int pm)，它的功能是判断 pm 是否是素数。若 pm 是素数，返回 1；若不是素数，返回 0。pm 的值由主函数从键盘读入。

【解答】

```
int fun(int a)
{
int i;
if(a==2)return 1;
i=2;
while ((a%i)!=0 && i<=sqrt((float) a)) i++;
if ((a%i)==0)
    return 0;
return 1;
}
```

2. 编写函数 jsValue，它的功能是求 Fibonacci 数列中大于 t 的最小的一个数，结果由函数返回。

【解答】

```
int jsValue(int t)
    { int f0=0,f1=1,fn;
        fn=f0+f1;
        while(fn<=t)
        { f0=f1;
            f1=fn;
            fn=f0+f1;
        }
        return fn;
    }
```

3. 在三位整数（100～999）中寻找符合条件的整数并依次从小到大存入数组中；它既是完全平方数，又有两位数字相同，例如，144、676 等。请编制函数实现此功能，满足该条件的整数的个数通过所编制的函数返回。

【解答】

```
int jsValue(int bb[])
    {int I,j,k=0;
    int hun,ten,data;
    for(I=100;I<=999;I++)
    {j=10;
      while(j*j<=I)
      {if(I==j*j)
        { hun=I/100; data=I%100/10; ten=I%10;
        if(hun==ten||hun==data||ten==data) bb[k++]=I;
```

```
            }
        j++;
        }
    }
    return k;
    }
```

4．编写一个函数 change(x，r)，将十进制整数 x 转换成 r（1<r<10）进制后输出。

【解答】

```
void change(int x,int r)
    {
        int c;
        c=x%r;
        if (x/r!=0) change(x/r,r);
        printf("%d",c);
    }
```

5．分别用函数和带参数的宏完成：利用从两个数中找较大数 max 函数（或宏），从 3 个数中找出最大值。用函数实现时，要求将求的 max 函数保存到另一个程序文件"func.h"中。

【解答】

（1）用函数实现

```
文件 func.h
int max(int x,int y)
{
    return (x>y?x: y);
}
```

主程序文件

```
#include <stdio.h>
#include "func.h"
void main()
{
    int a,b,c,t;
    printf("请输入三个整数: ");
    scanf("%d%d%d",&a,&b,&c);
    t=max(max(a,b),c);
    printf("三个数中最大的为: %d\n",t);
}
```

（2）用带参数的宏实现

```
#include <stdio.h>
#define MAX(a,b) ((a)>(b)?(a): (b))
void main()
{
    int a,b,c,t;
    printf("请输入三个整数: ");
    scanf("%d%d%d",&a,&b,&c);
    t=MAX(MAX(a,b),c);
    printf("三个数中最大的为: %d\n",t);
}
```

3.9 指　　针

一、单选题

1. 设有定义：int n1=0,n2,*p=&n2,*q=&n1;，以下赋值语句中与 n2=n1;语句等价的是（　　　　）。

　　A．*p=*q;　　　　　B．p=q;　　　　　　　C．*p=&n1;　　　　　D．p=*q;

【答案】A。

2. 若有定义：int x=0, *p=&x;，则语句 printf("%d\n",*p);的输出结果是（　　　　）。

　　A．随机值　　　　　B．0　　　　　　　　C．x 的地址　　　　　D．p 的地址

【答案】B。

【分析】如果定义 p 为指针变量，则(*p)为 p 所指向的变量。显然 p 所指向的变量为 x。

3. 以下定义语句中正确的是（　　　　）。

　　A．char a='A'b='B';　　　　　　　　　B．float a=b=10.0;

　　C．int a=10,*b=&a;　　　　　　　　　D．float *a,b=&a;

【解答】C。

【分析】int *b=&a;表示定义 b 为指针变量，将变量 a 的地址存放到指针变量 b 中。D 选项有误，正确格式为 float a,*b=&a;

4. 有以下程序

```
#include<stdio.h>
void main()
 { int a=7,b=8,*p,*q,*r;
  p=&a;q=&b;
  r=p; p=q;q=r;
  printf("%d,%d,%d,%d\n",*p,*q,a,b);
 }
```

程序运行后的输出结果是（　　　　）。

　　A．8,7,8,7　　　　　B．7,8,7,8　　　　　　C．8,7,7,8　　　　　D．7,8,8,7

【答案】C。

5. 设有定义：int a,*pa=&a;以下 scanf 语句中能正确为变量 a 读入数据的是（　　　　）。

　　A．scanf（"%d",pa）;　　　　　　　　　B．scanf（"%d",a）;

　　C．scanf（"%d",&pa;　　　　　　　　　D．scanf("%d",*pa）;

【答案】A。

6. 设有定义：int n=0,*p=&n,**q=&p;则以下选项中，正确的赋值语句是（　　　　）。

　　A．p=1;　　　　　B．*q=2;　　　　　　　C．q=p;　　　　　　　D．*p=5;

【答案】D。

7. 有以下程序：

```
#include<stdio.h>
void fun(char *a, char *b)
{ a=b; (*a)++; }
void main ()
{ char c1="A", c2="a", *p1, *p2;
```

```
    p1=&c1; p2=&c2; fun(p1,p2);
    printf( "&c&c\n",c1,c2);
}
```

程序运行后的输出结果是（　　）。

A．Ab B．aa C．Aa D．Bb

【答案】A。

8．若有以下定义和语句：

```
double r=99, *p=&r;
*p=r;
```

则以下正确的叙述是（　　）。

A．以下两处的*p 含义相同，都说明给指针变量 *p* 赋值。

B．在"double r=99, *p=&r;"中，把 r 的地址赋值给了 *p* 所指的存储单元。

C．语句"*p=r;"把变量 *r* 的值赋给指针变量 *p*。

D．语句"*p=r;"取变量 *r* 的值放回 *r* 中。

【答案】D。

9．有以下程序：

```
#include<stdio.h>
void main()
{ printf("%d\n", NULL); }
```

程序运行后的输出结果是（　　）。

A．0 B．1

C．-1 D．NULL 没定义，出错

【答案】A。

【分析】NULL 是头文件中 stdio.h 中预定义的变量，其值为 0。

10．已定义以下函数：

```
fun (int *p)
{ return *p: }
```

该函数的返回值是（　　）。

A．不确定的值 B．形参 p 中存放的值

C．形参 p 所指存储单元中的值 D．形参 p 的地址值

【答案】C。

【分析】fun (int *p)表示指针变量作为函数参数，return *p 表示返回 p 所指向变量的值。

二、程序阅读题

1．写出下面程序的运行结果_____。

```
#include<stdio.h>
func(char *s,char a,int n)
{ int j;
  *s=a; j=n ;
  while (*s<s[j]) j-- ;
  return j;
}
```

```
void main ( )
{  char c[6] ;
   int i ;
   for (i=1; i<=5 ; i++) *(c+1)='A'+i+1;
   printf("%d\n",func(c,'E',5));
}
```

【解答】5。

2. 写出下面程序的运行结果_____。

```
#include<stdio.h>
fun (char *s)
{ char *p=s;
  while (*p) p++ ;
  return (p-s) ;
}
void main ( )
{ char *a="abcdef" ;
  printf("%d\n",fun(a)) ;
}
```

【解答】6。

3. 写出下面程序的运行结果_____。

```
#include<stdio.h>
sub(char *a,int t1,int t2)
{   char ch;
    while (t1<t2) {
        ch = *(a+t1); *(a+t1)=*(a+t2) ; *(a+t2)=ch ;
        t1++ ; t2-- ;
    }
}
void main ( )
{   char s[12];
    int i;
    for (i=0; i<12 ; i++) s[i]='A'+i+32 ;
    sub(s,7,11);
    for (i=0; i<12 ; i++) printf ("%c",s[i]);
    printf("\n");
}
```

【解答】abcdefglkjih。

4. 当运行以下程序时，写出输入 6↙ 的程序运行结果_____。

```
#include<stdio.h>
sub(char *a,char b)
{ while (*(a++)!='\0') ;
  while (*(a-1)<b)
    *(a--)=*(a-1);
  *(a--)=b;
}
void main ( )
{ char s[]="97531",c;
  c = getchar ( ) ;
  sub(s,c); puts(s) ;
}
```

【解答】976531。

5. 写出下面程序的运行结果_____。

```c
#include<stdio.h>
void fun(int x,int y,int *cp,int *dp)
{
    *cp=x+y;
    *dp=x-y;
}
void main()
{
    int a, b, c, d;
    a=30; b=50;
    fun(a,b,&c,&d);
    printf("%d,%d\n",c,d);
}
```

【解答】80,–20。

6. 以下程序的运行结果是_____。

```c
#include<stdio.h>
#include<string.h>
int *p;
void main()
{
  int x=1, y=2, z=3;
  p=&y;
  fun(x+z, &y);
  printf("(1) %d  %d  %d\n", x, y, *p);
}
fun( int x, int *y)
  {
    int z=4;
    *p=*y+z;
    x=*p-z;
    printf("(2) %d   %d   %d\n", x, *y, *p);
}
```

【解答】

（2）2　6　6

（1）1　6　6

解析：第一步，调用 fun 函数之前，进行了如图 3.4 所示的操作：全局变量 p 指向 main 函数中的局部变量 y。

图 3.4　步骤 1

第二步：当发生函数调用时，实参向形参传递。这时，新开辟了整型变量 x 和指向 main 中的变量 y 的指针 y，显然，它和全局变量 p 一样指向了同一个单元。fun 函数中的 x、y 和 main 中的 x、y 是两个不同的变量，为了清晰地表示调用过程，图 3.5 用 x'、y'代替 fun 中的 x、y。

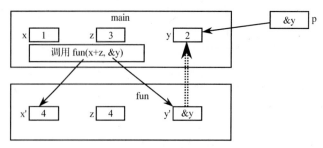

图 3.5　步骤 2

第三步：执行 fun 函数。按顺序先进行两个赋值运算："(1) *p=*y'+z'; (2) x'=*p-z';"，这时候，没有改变 p 的指向，而是改变了 p 所指向变量 y（main 中的变量 y）的数值，即 "*p=*y'+z';" 等价于 "y=y+z';"，故 main 中的变量 y 等于 6；同时，因为*p 的值改变，fun 函数的形参 x'的值因执行 "x'=*p-z';" 语句而变为 2。该过程如图 3.6 所示。然后接着执行一个打印输出语句 "printf("(2) %d　%d　%d\n", x', *y', *p);"，所以，该步的输出结果应为：（2）2　　6　　6。

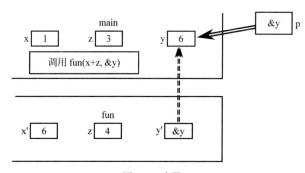

图 3.6　步骤 3

第四步：函数调用结束，返回主调函数。被调用函数中的形参都消失，当然各种指向也消失。如图 3.7 所示，输出结果应该为：（1）1　6　6。

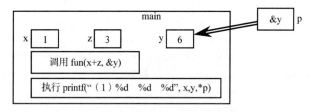

图 3.7　步骤 4

7. 下面程序的运行结果是_____。

```c
#include<stdio.h>
void swap(int *a, int *b)
{
    int *t;
    t=a;
    a=b;
    b=t;
}
void main()
{
```

```
    int x=3, y=5, *p=&x, *q=&y;
    swap(p,q);
    printf("%d  %d\n", *p, *q);
}
```

【解答】3　5。

在 main 函数中，先将 p 指向 x，q 指向 y，可以用图 3.8 表示。

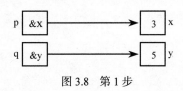

图 3.8　第 1 步

当发生函数调用时，p 的值传递给 a，使 a=&x；q 的值传递给 b，使 b=&y。此时，可以用图 3.9 表示。

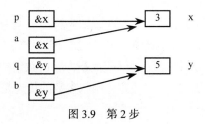

图 3.9　第 2 步

在被调用函数中，通过变量 t，使 a、b 的值发生交换：令 a=&y，b=&x；改变了指向。可以用图 3.10 表示。

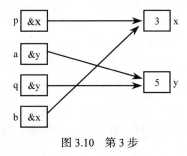

图 3.10　第 3 步

调用结束后，返回到 main 函数时，a、b 消失（形参随着调用的结束而失去作用）。可以用图 3.11 表示。

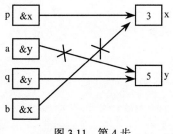

图 3.11　第 4 步

结果，在 main 函数中，p 和 q 的指向并未改变，仍然如图 3.12 所示。

图 3.12 第 5 步

故输出结果为：3   5

8．下面程序的运行结果是_____。

```c
#include<stdio.h>
void main( )
{
    char s[ ]="1357", *t;
    t=s;
    printf("%c, %c\n", *t, ++*t);
}
```

【解答】2，2。

当函数调用时，其参数的传递是从右至左的。即先将++*t 传递给 printf 函数，此时，指针 t 指向字符数组的首位置，然后进行自加运算，'1'+1='2'，因此字符 2 覆盖了原位置处的字符 1；当再将第二个参数*t 传递给 printf 函数时，由于 t 仍然指向字符数组的首位置，而首字符已经变为 2，所以当按顺序输出时，其结果为：2，2。注意：函数参数的传递是从右至左的，但传递以后，执行结果仍然按顺序输出。

三、程序填空题

1．下面函数的功能是从输入的 10 个字符串中找出最长的那个串，请填空使程序完整。

```c
void fun(char str[10][81],char **sp)
{   int i;
    *sp = 【1】 ;
    for (i=1; i<10; i++)
        if (strlen (*sp)<strlen(str[i]))  【2】 ;
}
```

【解答】str[0]；*sp=str[i]。

2．下面函数的功能是将一个整数字符串转换为一个整数，例如，"-1234" 转换为 1234，请填空使程序完整。

```c
int chnum(char *p)
{   int num=0,k,len,j ;
    len = strlen(p) ;
    for ( ;  【1】 ; p++) {
        k= 【2】 ; j=(--len) ;
        while ( 【3】 ) k=k*10 ;
        num = num + k ;
    }
    return (num);
}
```

【解答】*p!='\0'；*p-'0'；j--!=0。

3．下面函数的功能是统计子串 substr 在母串 str 中出现的次数，请填空使程序完整。

```
int count(char *str, char *substr)
{   int i,j,k,num=0;
    for ( i=0;  【1】  ; i++)
        for (  【2】  , k=0; substr[k]= =str[j]; k++; j++)
            if (substr [ 【3】 ]= =' \0' ) {
                num++ ; break ;
            }
        return (num) ;
}
```

【解答】str[i]!='\0'；j=i；k。

4．下面函数的功能是将两个字符串 s1 和 s2 连接起来，请填空使程序完整。

```
void conj(char *s1,char *s2)
{
    while (*s1)  【1】 ;
    while (*s2) { *s1= 【2】 ; s1++,s2++; }
    *s1='\0' ;
}
```

【解答】s1++；*s2。

四、编程题

1．编写一程序，将字符串中的第 m 个字符开始的全部字符复制成另一个字符串。要求在主函数中输入字符串及 m 的值并输出复制结果，在被调用函数中完成复制。

【解答】

```
#include<stdio.h>
#include<string.h>
void copystr(char *p1,char*p2,int m)
{
    int n=0;
    while(n<m-1)
    {
        p2++;
        n++;
    }
    while(*p2!='\0')
    {
        *p1=*p2;
        p1++;
        p2++;
    }
    *p1='\0';
}

void main()
{
    int m;
    char str1[80],str2[80];
    printf("input a string: \n");
    gets(str2);
    printf("iput m: \n");
    scanf("%d",&m);
```

```
        if(strlen(str2)<m)
            printf("err input!\n");
        else{
            copystr(str1,str2,m);
            printf("result is : %s\n",str1);
        }
    }
```

2. 写一函数，实现两个字符串的比较，即自己写一个 strcmp 函数，函数原型为

```
int strcmp(char *p1,char *p2);
```

设 p1 指向字符串 s1，p2 指向字符串 s2。要求当 $s1=s2$ 时，返回值为 0；若 $s1 \neq s2$，返回它们二者第一个不同字符的 ASCⅡ 码差值（如 "BOY" 与 "BAD"，第二个字母不同，"O" 与 "A" 之差为 79-65=14）。如果 $s1>s2$，则输出正值；如 $s1<s2$，则输出负值。

【解答】

```
#include <stdio.h>
#define N 10
void main()
{
 int strcmp(char *p1,char *p2);
 char str1[N],str2[N];
 char *p1,*p2;
 printf("输入字符串 str1\n\n");
 gets(str1);
 printf("\n\n输入字符串 str2\n\n");
 gets(str2);
 p1=str1;
 p2=str2;
 printf("\n\n%d\n\n",strcmp(p1,p2));
}
int strcmp(char *p1,char *p2)
{
 int i,flag=0;
 for(i=0;*(p1+i)!='\0'&&*(p2+i)!='\0';i++)
 {
  if(*(p1+i)==*(p2+i)) flag=0;
  else
  {
   flag=*(p1+i)-*(p2+i);
   break;
  }
 }
 return flag;
}
```

3. 编一程序，打入月份号，输出该月的英文月名。例如，输入 "3"，则输出 "March"，要求用指针数组处理。

【解答】

```
#include <stdio.h>
void main()
{
```

```
    char
*mon[]={"January","February","March","April","May","June","July","August","September",
"October","November","December"};
    int n;
    printf("输入一个月份号\n\n");
    scanf("%d",&n);
    if(n>=1&&n<=12) printf("\n\n%s\n\n",mon[n-1]);
    else printf("\n\n%d月份不存在\n\n",n);
}
```

4．用指向指针的方法对 5 个字符串排序并输出。

【解答】

```
#include <stdio.h>
#include <string.h>
#define N 5
#define MAX 100

void main()
{
 void sort(char **p);
 char *pstr[N],**p,str[N][MAX];
 int i;
 for(i=0;i<N;i++)
  pstr[i]=str[i];
 printf("输入%d个字符串\n\n",N);
 for(i=0;i<N;i++)
  gets(str[i]);
 p=pstr;
 sort(p);
 printf("\n\n排序后的%d个字符串为：\n\n",N);
 for(i=0;i<N;i++)
  puts(*(p+i));
}
void sort(char **p)
{
 int i,j;
 char *temp;
 for(i=0;i<N;i++)
 {
  for(j=i;j<N;j++)
  {
   if(strcmp(*(p+i),*(p+j))>0)
   {
    temp=*(p+i);
    *(p+i)=*(p+j);
    *(p+j)=temp;
   }
  }
 }
}
```

5．用指向指针的方法对 n 个整数排序并输出。要求将排序单独写成一个函数。5 个整数和 n 在主函数中输入，最后在主函数中输出。

【解答】

```c
#include <stdio.h>
#define N 100
void main()
{
 void sort(int **p,int n);
 int i,n;
 int *pnum[N],num[N],**p;
 printf("输入整数个数\n\n");
 scanf("%d",&n);
 for(i=0;i<n;i++)
  pnum[i]=&num[i];
 printf("\n\n输入%d个整数\n\n",n);
 for(i=0;i<n;i++)
  scanf("%d",&num[i]);
 p=pnum;
 sort(p,n);
 printf("\n\n排序后的%d个整数为：\n\n",n);
 for(i=0;i<n;i++)
  printf("%d ",**(p+i));
 printf("\n\n");
}
void sort(int **p,int n)
{
 int *temp;
 int i,j;
 for(i=0;i<n;i++)
 {
  for(j=i;j<n;j++)
  {
   if(**(p+i)>**(p+j))
   {
    temp=*(p+i);
    *(p+i)=*(p+j);
    *(p+j)=temp;
   }
  }
 }
}
```

3.10 链 表

一、选择题

1. 对于存储同样的一组数据元素而言（　　　）。

　　A. 顺序结构比链接结构易于扩充空间

　　B. 顺序结构与链接结构相比，更有利于对元素进行插入、删除运算

　　C. 顺序结构占用整块空间，而链接结构不要求整块空间

　　D. 顺序结构比链接结构多占存储空间

【答案】C。

【分析】顺序结构中，元素之间的关系通过存储单元的邻接关系来表示，其存储空间必须占用整块空间；链接结构中，结点之间的关系通过指针来表示，不要求整块空间。

2. 下列对于线性链表的描述中正确的是（　　　）。

 A. 存储空间不一定连续，且各元素的存储顺序是任意的。

 B. 存储空间不一定连续，且前件元素一定存储在后件元素的前面。

 C. 存储空间必须连续，且前件元素一定存储在后件元素的前面。

 D. 存储空间必须连续，且各元素的存储顺序是任意的。

【答案】A。

【分析】线性链表是链式存储结构。在链式存储结构中，存储数据结构的存储空间可以不连续，各数据结点的存储顺序与数据元素之间的逻辑关系可以不一致。

3. 下列关于线性链表的叙述中，正确的是（　　　）。

 A. 各数据结点的存储空间可以不连续，但它们的存储顺序与逻辑顺序必须一致。

 B. 各数据结点的存储顺序与逻辑顺序可以不一致，但它们的存储空间必须连续。

 C. 进行插入与删除时，不需要移动表中的元素。

 D. 以上 3 种说法都不对。

【答案】C。

【分析】线性表的链式存储结构称为线性链表。在线性链表中，各元素结点的存储空间可以是不连续的，且各数据元素的存储顺序与逻辑顺序可以不一致。在线性链表中进行插入与删除，不需要移动链表中的元素。因此 C 选项正确。

4. 链表不具备的特点是（　　　）。

 A. 可随机访问任意一个结点　　　　　　B. 插入和删除不需要移动任何元素

 C. 不必事先估计存储空间　　　　　　　D. 所需空间与其长度成正比

【答案】A。

【分析】链表结构是一些逻辑上相邻，而空间上并不一定相邻的数据元素的集合，相邻的结点之间通过指针相互联系，在插入和删除元素时，只需修改结点指针即可，不需要移动数据元素。当存储空间不足时，可以动态为其分配内存空间，所以不必估计存储空间的大小。顺序表可以随机访问任意一个结点，而链表必须从第一个数据结点出发，逐一查找每个结点。所以答案为 A。

5. 对线性表，在下列情况下应当采用链表表示的是（　　　）。

 A. 经常需要随机地存取元素

 B. 经常需要进行插入和删除操作

 C. 表中元素需要占据一片连续的存储空间

 D. 表中元素的个数不变

【答案】B。

【分析】经常需要随机地存取元素的情况适合采用顺序存储的数组来表示，因为可以通过数组下标来随机访问，所以 A 选项错误；表元素需要占据一片连续的存储空间正是顺序存储的特点，所以 C 选项也不正确；数组在一开始就分配固定个数的空间，不能动态分配，而链表的元素是可以动态改变的，所以 D 选项也不正确。由于链表不是顺序存储的，即当进行插入和删除操作时不需要移动大量的元素，所以当遇到一些需要经常进行插入和删除操作的情况应当采用链表的方式存储，答案应是 B。

6. 不带头结点的单链表 head 为空的判定条件是（　　　）。

    A．head = NULL　　　　　　　　　　B．head →next = NULL

    C．head →next = head　　　　　　　　D．head ! = NULL

【答案】A。

【分析】对于 B 选项，表示带头结点的单链表为空的判断条件。对于带头结点的单链表，头结点所指的下一个结点表示单链表的第一个结点，如果为 NULL，则表示链表为空。对于 C 选项，表示带头结点的单循环链表为空的判断条件。对于带头结点的单循环链表，如果 head 所指的下一个结点是它自身，则表示链表为空。在不带头结点的单链表 head 中，head 指向第一个元素结点，head = NULL 表示该链表为空，所以答案为 A。

7. 在带头结点的单链表 head 为空的判定条件是（　　　）。

    A．head = NULL　　　　　　　　　　B．head →next = NULL

    C．head →neXt = head　　　　　　　　D．head ! = NULL

【答案】B。

【分析】对于 A 选项，表示不带头结点的单链表为空的判断条件。在不带头结点的单链表中，head 指向链表第一个结点，head =NuLL 表示该链表为空。对于 C 选项，表示带头结点的单循环链表为空的判断条件。对于带头结点的单循环链表，如果 head 所指的下一个结点是它自身，则表示链表为空。在带头结点的单链表 head 中，head 指向头结点，由头结点的 next 域指向第一个元素结点，head →next = NULL 表示该单链表为空，所以答案为 B。

二、程序填空题

1. 以下定义的结构体类型拟包含两个成员，其中成员变量 info 用来存入整型数据；成员变量 link 是指向自身结构体的指针，请将定义补充完整。

```
struct node
{
 int info;
 _____ link; };
```

【答案】struct node *。

【解析】本题中的结构体类型名为 struct node，所以空白处应填：struct node *，即定义一个指向自身的结构体指针。

2. 设已建立一条单向链表，指针 head 指向该链表的首结点。结点的数据结构如下：

```
struct Node{
    int data;
    Node *next;
};
```

以下函数 sort(Node *head) 的功能是：将 head 所指向链表上各结点的数据按 data 值从小到大的顺序排序。

```
Node *sort(Node *head)
{ Node *p=head, *p1,*p2;
    if(p==NULL) return head;
    while(p->next!=NULL)
    { p1=p;
        p2=p->next;
        while(p2!=NULL)
```

```
{    if(_____)
            p1=p2;
        p2=p2->next;
    }
    if(p!=p1)
    {    int t;
        t=p->data;
        p->data =_____;
        _____ = t;
    }
    _____;
    }
    return head;
}
```

【答案】p2->data < p1->data；p1->data；p1->data；p=p->next。

【解析】初始时，使 p 指向链表的首结点，从 p 之后的所有结点中找出 data 值最小的结点，让 p1 指向该结点。将 p 指向的结点的 data 值与 p1 指向的结点的 data 值进行交换。让 p 指向下一个结点，依此类推，直至 p 指向链表的最后一个结点为止。

3. 已建立一条无序链表，head 指向链首。链表上结点的数据结构为：

```
struct Node
{    double  num;
    Node * next;
};
```

以下函数 sort(Node *head)的功能为：将参数 head 所指向链表上的各个结点，按 num 值的升序排序，并返回排序后链表的链首指针。

```
Node *sort(Node *head)
{  if (head== 0 ) return head;
    Node  *h,*p;
    h=0;
    while(head)
    {   p=head;
        _____;
        Node *p1,*p2;
        if (h == 0 )
        {    h=p;
            _____;
        }
        else if (_____)
        {    p->next=h;
            h=p;
        }
        else
        {   p2=p1 = h;
            while (p2->next && p2->num<p->num)
            {   p1 = p2 ;
                p2=p2->next;
            }
            if (_____ )
            {   p2->next = p;
                p->next =0;
            }
```

```
        else
        {   p->next = p2;
            p1->next = p;
        }
    }
}
return (h);
}
```

【答案】head = head->next 或 head = p->next；

　　　　p->next = 0 或 h->next = 0；

　　　　h->num>= p->num 或 p->num<= h->num；

　　　　p2->num < p->num 或 p->num >p2->num。

【解析】先让 h 指向空链，依次从 head 所指向的链表上取下一个结点，然后将取下的结点插入到已排序的 h 所指向的链表上。

三、编程题

1. 有一个单链表（不同结点的数据域值可能相同），其头指针为 head，编写一个函数计算数据域为 x 的结点个数。

解析：本题是遍历通过该链表的每个结点，每遇到一个结点，结点个数加 1，结点个数存储在变量 n 中。实现本题功能的函数如下：

```
int count( node *head)
{
 node *p;
 int n=0;
 p=head;
 while (p!=NULL)
 {
  if (p->data==x) n++;
  p=p->next;
 }
return(n);
}
```

2. 有一个单链表 L（至少有 1 个结点），其头结点指针为 head，编写一个函数将 L 逆置，即最后一个结点变成第一个结点，原来倒数第二个结点变成第二个结点，依次类推。

解析：本题采用的算法是从头到尾扫描单链表 L，将第一个结点的 next 域置为 NULL，将第二个结点的 next 域指向第一个结点，将第三个结点的 next 域指向第二个结点，依次类推。直到最后一个结点，便用 head 指向它，这样达到了本题的要求。实现本题功能的函数如下：

```
void invert(node *head)
{
 node *p,*q,*r;
 p=head;
 q=p->next;
while(q!=NULL)  /* 当 L 没有后续结点时终止 */
 {
  r=q->next;
  q->next=p;
  p=q;
  q=r;
```

```
}
head->next=NULL;
head=p;    /*p 指向 L 的最后一个结点，现改为头结点 */
}
```

3. 已知两个整数集合 A 和 B，它们的元素分别依元素值递增有序存放在两个单链表 HA 和 HB 中，编写一个函数求出这两个集合的并集 C，并要求表示集合 C 的链表的结点仍依元素值递增有序存放。

解析：假设 HA 和 HB 的头指针分别为 ha 和 hb，先设置一个空的循环单链表 HC，头指针为 hc，之后依次比较 HA 和 HB 的当前结点的元素值，将较小元素值的结点复制一个并链接到 HC 的末尾，若相等，则将其中之一复制一个并链接到 HC 的末尾。当 HA 或 HB 为空后，把另一个链表的余下结点都复制并链接到 HC 的末尾。实现本题功能的函数如下：

```
void union (node *ha,node * hb, node *hc)
{
node *p,*q,*r,*s;
hc=(node *) malloc(sizeof(node));/*建立一个头结点，r 总是指向 HC 链表的最后一个结点*/
r= hc ; p=ha; q=hb;
while (p!=NULL && q!=NULL)
{
 if (p->data < q->data)
 {
 s=(node *)malloc(sizeof(node));
 s->data=p->data;
 r->next=s;
 r=s;
 p=p->next;
 }
else if (p->data > q->data)
 {
 s=(node *)malloc (sizeof(node));
 s->data=q->data;
 r->next=s;
 r=s;
 q=q->next;
 }
else    /* p->data==q->data 的情况 */
 {
 s=(node *)malloc(sizeof(node));
 s->data=q->data;
 r->next=s;
 r=s;
 p=p->next;
 q=q->next;
 }
}
if (p==NULL)  /* 把 q 及之后的结点复制到 HC 中 */
while (q!=NULL)
{
 s=(node *)malloc(sizeof(node));
 s->data=q->data;
 r->next=s;
 r=s;
```

```
        q=q->next;
    }
  if(q==NULL)  /* 把 p 及之后的结点复制到 HC 中 */
    while (p!=NULL)
    {
      s=(node *)malloc(sizeof(node));
      s->data=p->data;
      r->next=s;
      r=s;
      p=p->next;
      }
      r->next=NULL;
      s=hc;
      hc=hc->next;
      free(s);  /* 删除头结点 */
  }
```

3.11   文   件

一、选择题

1. 下列关于 C 语言文件的叙述中正确的是（   ）。

    A. 文件由一系列数据依次排列组成，只能构成二进制文件。

    B. 文件由结构序列组成，可以构成二进制或文本文件。

    C. 文件由数据序列组成，可以构成二进制或文本文件。

    D. 文件由字符序列组成，其类型只能是文本文件。

【答案】C。

【分析】文件由数据序列组成，可以构成二进制文件，也可以构成文本文件。

2. 设 fp 已定义，执行语句 fp=fopen("file", "w");后，以下针对文本文件 file 操作叙述的选项中正确的是（   ）。

    A. 写操作结束后可以从头开始读　　　　B. 只能写不能读

    C. 可以在原有内容后追加写　　　　　　D. 可能随意读和写

【答案】B。

【分析】本题中用 "w" 方式打开文件，只能向文件写数据。如果原来不存在该文件，则新创建一个以指定名字命名的文件；如果已存在该文件，则把原文件删除后重新建立一个新文件，而不是把内容追加到原文件后。

3. 以下叙述中错误的是（   ）。

    A. C 语言中对二进制文件的访问速度比文本文件快。

    B. C 语言中，随机文件以二进制代码形式存储数据。

    C. 语句 FILE　fp; 定义了一个名为 fp 的文件指针。

    D. C 语言中的文本文件以 ASCII 码形式存储数据。

【答案】C。

【分析】FILE *fp; FILE 是变量类型，实际上是 C 语言定义的标准数据结构，用于文件。FILE *fp 是声明，声明 fp 是指针，用来指向 FILE 类型的对象。

4. 若 fp 是指向某文件的指针，且已读到文件末尾，则库函数 feof(fp)的返回值是（　　　）。

  A．EOF   B．-1   C．非零值   D．NULL

【答案】C。

【分析】feof(fp)有两个返回值：如果遇到文件结束，函数 feof(fp)的值为非零值，否则为 0。

5. 在 C 程序中，可把整型数以二进制形式存放到文件中的函数是（　　　）。

  A．fprintf 函数 B．fread 函数 C．fwrite 函数 D．fputc 函数

【答案】A。

【分析】函数完整形式：int fprintf(FILE *stream,char *format,[argument]) 作用是格式化输出到一个文件中。若成功则返回输出字符数，若输出出错则返回负值。

6. 标准函数 fgets(s, n, f) 的功能是（　　　）。

  A．从文件 f 中读取长度为 n 的字符串存入指针 s 所指的内存

  B．从文件 f 中读取长度不超过 n-1 的字符串存入指针 s 所指的内存

  C．从文件 f 中读取 n 个字符串存入指针 s 所指的内存

  D．从文件 f 中读取长度为 n-1 的字符串存入指针 s 所指的内存

【答案】B。

【分析】原型是 char *fgets(char *s, int n, FILE *stream);功能是从文件指针 stream 中读取 n-1 个字符，存到以 s 为起始地址的空间里，直到读完一行，如果成功则返回 s 的指针，否则返回 NULL。形参注释：*s：结果数据的首地址；n：一次读入 n-1 个数据块的长度，其默认值为 1k，即 1024；stream：文件指针。

二、程序阅读题

1. 有以下程序：

```
#include <stdio.h>
main()
{ FILE *fp; int  i, a[6]={1,2,3,4,5,6};
  fp=fopen("d3.dat","w+b");
  fwrite(a,sizeof(int),6,fp);
  fseek(fp,sizeof(int)*3, SEEK_SET);     /* 该语句使读文件的位置指针从文件头向后移动 3
                                            个 int 型数据 */

  fread(a,sizeof(int),3,fp);
  fclose(fp);
  for(i=0;i<6;i++) printf("%d,", a[i]);
}
```

程序运行后的输出结果是＿＿＿＿＿＿＿。

【答案】4，5，6，4，5，6。

【解析】首先利用 fwrite 函数将数组 a 中的数据写到文件中，接着 fseek 函数的功能是读文件的位置，指针从文件头后移 3 个 int 型数据，这时文件位置指针指向的是文件中的第 4 个 int 数据"4"，然后 fread 函数将文件 fp 中的后 3 个数据 4、5、6 读到数组 a 中，这样就覆盖了数组中原来的前 3 项数据。最后数组中的数据就成了{4，5，6，4，5，6}。

2. 有以下程序：

```
#include<stdio.h>
main()
{ FILE *fp; int k,n,a[6]={1,2,3,4,5,6};
```

```
fp=fopen("d2.dat", "w");
fprintf(fp, "%d%d%d\n",a[0], a[1], a[2]);
fprintf(fp, "%d%d%d\n",a[3], a[4], a[5]);
fclose(fp);
fp=fopen("d2.dat", "r ");
fscanf(fp, "%d%d",&k,&n) ;
printf("%d%d\n",k,n) ;
close(fp) ;
}
```

程序运行后的输出结果是_____。

【答案】123456。

【解析】本题考查的是文件的综合应用。本题首先以创建方式打开文件"d2.dat"，两次调用 fprintf()函数把 a[0]，a[1]，a[2]，a[3]，a[4]，a[5] 的值写到文件"d2.dat"中，文件"d2.dat"的内容为：1，2，3 <回车>4，5，6。然后把该文件关闭再以只读方式打开，文件位置指针指向文件头，再通过 fscanf()函数从中读取两个整数到 k 和 n 中，由于格式符之间无间隔，因此输入数据可以用回车隔开，故输入的 k 的值为 123，n 的值为 456。

3．有以下程序：

```
#include<stdio.h>
main()
{ FILE *fp;
  int k,n,i,a[6]={1,2,3,4,5,6};
  fp=fopen("d2.dat", "w");
  for(i=0;i<6;i++) fprintf(fp,"%d\n",a[i]);
  fclose(fp) ;
  fp=fopen("d2.dat", "r");
  for(i=0;i<3;i++) fscanf(fp,"%d%d",&k,&n);
  fclose(fp) ;
  printf("%d,%d\n",k,n);
}
```

程序运行后的输出结果是_____。

【答案】5，6。

【解析】考查文件的相关操作，本题中，依次向 d2.dat 文件中写入数字 1、2、3、4、5、6，然后关闭后打开，每次读两个数出来，循环执行完后，k 为 5，n 为 6，所以结果为 5，6。

4．以下程序运行后的输出结果是_____。

```
#include<stdio.h>
main()
{ FILE *fp;int x[6]={1,2,3,4,5,6}, i;
  fp=fopen("test.dat", "wb");
  fwrite(x,sizeof(int),3,fp);
  rewind(fp);
  fread(x,sizeof(int),3,fp);
  for(i=0;i<6;i++)printf("%d",x[i]);
  printf("\n");
  fclose(fp) ;
}
```

【答案】123456。

【解析】本题中 fwrite 函数向目标文件指针 fp 指向的文件 test.dat 中写入 3 个 int 数据，即

123。rewind 函数将文件内部的位置指针重新指向文件的开头。fread 函数将从 fp 所指文件中读取 3 个 int 数据到 x 指向的地址，因此数组 x 的元素没有变化。

三、程序填空题

1. 设有定义：FILE *fw；请将以下打开文件的语句补充完整，以便可以向文本文件"readme.txt"的最后续写内容。fw=fopen("readme.txt",_____);

【答案】"a"

【解析】本题考查的是文件操作的简单应用。文件常用打开方式"a"的作用是以追加方式打开文件，并把指针移动到文件末尾，向文本文件尾部增加数据。

2. 以下程序的功能是从名为"filea.dat"的文本文件中逐个读入字符并显示在屏幕上，请填空。

```
#include<stdio.h>
main()
{  FILE * fp; char ch;
   fp=fopen( _____ ) ;
   ch=fgetc(fp) ;
   while( _____ (fp)) {putchar(ch) ; ch=fgetc(fp) ;}
   putchar('\n');fclose(fp);
}
```

【答案】"filea.dat"，"r"；!feof。

【解析】考查对文件的操作 fopen 函数的调用方式通常为 fopen(文件名，使用文件方式)。本题中要求程序可以打开 filea.dat 文件，并且读取文件中的内容，所以空白处应当填入"filea.dat"，"r"。在 while 循环体中判断是否到文件结尾，所以空白处应填入!feof。

3. 以下程序打开新文件 f.txt，并强调用字符输出函数将 a 数组中的字符写入其中，请填空。

```
#include<stdio.h>
main()
{  ( _____ ) fp;
   char a[5] ={'1','2','3'.'4','5'},i;
   fp=fopen("_____","w");
   for(i=0;i<5;i++)fputc(a[i],fp)
   fclose(fp);
}
```

【答案】FILE；f.txt。

【解析】前一个空处需要定义文件指针，定义文件指针的格式为：FILE *变量名。后一空处考查 fopen()函数，该函数的格式为：fp=fopen(文件名，使用文件方式)；此处应填入文件名，即 f.txt。

4. fseek 函数的正确调用形式是_____。

【答案】fseek（文件指针，位移量，起始点）。

【解析】本题考查函数 fseek 的用法。Fseek 函数的调用形式为：fseek(文件指针，位移量，起始点)，"起始点"用 0、1 或 2 代替，其中，0 代表"文件开始"；1 为"当前位置"；2 为"文件末尾"。"位移量"指以"起始点"为基点，向前移动的字节数。ANSI C 和大多数 C 版本要求位移量是 long 型数据，这样当文件的长度大于 64K 时不致出现问题。ANSI C 标准规定在数字的末尾加一个字母 L，就表示 long 型。

5. 以下程序用来判断指定文件是否能正常打开，请填空。

```
#include<stdio.h>
```

```
main()
{   FILE*fp
    if(((fp=fopen("test.txt", "r"))= =_____))
        printf("未能打开文件! \n");
    else
        printf("文件打开成功! \n");
}
```

【答案】NULL。

【解析】本题考查 fopen 函数的用法。若 fopen 不能实现打开任务时，函数会带回一个出错信息，出错原因可能是磁盘出现故障，磁盘无法建立新文件等，此时 fopen 函数将带回一个空指针 NULL。因此通过判断返回值是否为 NULL 即可判断是否读取文件正确。

6. 以下程序打开新文件 f.txt，并调用字符输出函数将 a 数组中字符写入其中，请填空。

```
#include<stdio.h>
main()
{   _____ *fp;
    char a[5]= {'1','2','3'.'4','5'},i;
    fp=fopen("f.txt","w");
    for(i=0;i<5;i++)fputc(a[i],fp);
    fclose(fp) ;
}
```

【答案】FILE。

【解析】在这里需要定义文件指针，定义文件指针的格式为：FILE * 变量名。

四、编程题

1. 已知数据文件{<dat2.dat>}中存放有 1~100 各自然数 n 的平方根，（文件中每行只存储一个数值数据）。编程查找当 n=7 时其平方根（7 的平方根等于 2.6458）在文件{<dat2.dat>}中的位置（即记录号），并向文件 t2.dat 输出该记录号。

【解析】通过语句"fp=(fopen("d:\\12345678\\dat2.dat","rb+")"打开数据文件 dat2.dat 准备读，通过语句"fp1=(fopen("d:\\12345678\\t2.dat","wb+")"打开目标文件 t2.dat 准备写，然后在当型循环中依次循环地将指针 fp 所指向的数据文件 dat2.dat 中的数据写到指针 fp1 所指向的目标文件 t2.dat 中，直到文件结束，函数 feof(fp)的值为 0。

```
#include<stdio.h>
#include<stdlib.h>
#include<math.h>
void main()
{
FILE *fp,*fp1;
double num;
int i=0;
if((fp=(fopen("d:\\12345678\\dat2.dat","rb+")))==NULL)
{
printf("cannot open the file!\n");
exit(0);
}
if((fp1=(fopen("d:\\12345678\\t2.dat","wb+")))==NULL)
{
printf("cannot open the file!\n");
exit(0);
```

```
}
while(feof(fp)==0)
{
    fscanf(fp,"%6lf\n",&num);
    i++;
    if(num==2.6458)
    {
    fprintf(fp1,"the number is:%d",i);
    printf("the num is:%d",i);
    break;
    }
}
fclose(fp);
fclose(fp1);
}
```

2．已知在正文文件 da1.dat 中，每个纪录只有两项数据，第一项为一整数表示学生的学号，第二项为学生的分数是形如 xx.x 的一个实数，试统计计算并向文件 t2.dat 输出全部学生的平均成绩 V 与 90 分以上（含 90 分）的学生人数 N。

【解析】通过语句"fp=fopen("D:\\12345678\\da1.dat","rb+")"打开数据文件 dat1.dat 准备读，通过语句"fp1=fopen("D:\\12345678\\t2.dat","wb+")"打开目标文件 t2.dat 准备写，然后在当型循环中依次将指针 fp 所指向的数据文件 da1.dat 中的数据循环读取，将第二项数据累加求和，分别统计学生总人数和分数>=90 的数据项个数，然后将全部学生的平均成绩 V 与 90 分以上（含 90 分）的学生人数 N 写入文件 t2.dat。

```
#include<stdio.h>
#include<stdlib.h>
struct stu
{
    int num;
    float score;
}stud;
void main()
{
FILE *fp,*fp1;
int N=0,n=0;
float sum=0,V=0;
if((fp=fopen("D:\\12345678\\da1.dat","rb+"))==NULL)
{
printf("cannot open the file!\n");
exit(0);
}
if((fp1=fopen("D:\\12345678\\t2.dat","wb+"))==NULL)
{
printf("cannot open the file!\n");
exit(0);
}
while(feof(fp)==0)
{
    fscanf(fp,"%4d   %5f\n",&stud.num,&stud.score);
    printf("%4d   %5.1f\n",stud.num,stud.score);
    sum+=stud.score;
    n++;
```

```
        if(stud.score>=90)
            N++;
    }
V=sum/n;
fprintf(fp1,"average=%5.1f,>90=%d",V,N);
fclose(fp);
fclose(fp1);
}
```

3.12 算法与数据结构

一、选择题

1. 算法具有 5 个特性，以下选项中不属于算法特性的是（   ）。

   A．有穷性   B．简洁性   C．可行性   D．确定性

【答案】B。

【分析】算法的的 5 个特性是① 输入，一个算法可以没有输入值，也可以有多个输入值。

② 输出，算法必须有输出值，可以是一个，也可以是多个。

③ 有穷性，有穷性有两层含义：一、有限的步骤执行完；二、每一步必须有限的时间执行完。这里的有限，是指适当，合理，不是纯数字含义。

④ 可行性，可行性是指算法的操作可以由已经实现的基本运算在有限的时间执行完。

⑤ 确定性，算法的确定性，是指算法的每条指令是确定的，不含糊的，没有二义性。

2. 下列叙述中正确的是（   ）。

   A．一个算法的空间复杂度大，则其时间复杂度也必定大。

   B．一个算法的空间复杂度大，则其时间复杂度必定小。

   C．一个算法的时间复杂度大，则其空间可复杂度必定小。

   D．上述三种说法都不对。

【答案】D。

【分析】算法的空间复杂度和时间复杂度之间没有绝对的关系，空间复杂度大，时间复杂度有可能大也有可能小，空间复杂度小，时间复杂度也有可能大，可能小。同样反过来也是一样，算法的空间复杂度和时间复杂度大小主要与算法设计的效率有关，往往对一个效率比较好的算法，如果想获得比较低的空间复杂度，则有可能引起时间复杂度变大；同样如果想获得一个比较低的时间复杂度，则有可能引起空间复杂度大，这就是算法中常说的"以时间换空间，以空间换时间"。

3. 数据的存储结构是指（   ）。

   A．存储在外存中的数据   B．数据所占的存储空间量

   C．数据在计算机中的顺序存储方式   D．数据的逻辑结构在计算机中的表示

【答案】D。

【分析】数据结构包含数据的逻辑结构和数据的存储结构。数据的逻辑结构是指反映数据元素之间的关系的数据元素集合的表示。更通俗地说，数据结构是指带有结构的数据元素的集合，反映的是人脑中的结构。数据的存储结构是指数据的逻辑结构在计算机中的表示，反映的是数据的物理结构。数据的存储结构又有链式存储结构和顺序存储结构两种。

4．下列叙述中正确的是（　　　　）。

　　A．一个逻辑数据结构只能有一种存储结构。

　　B．数据的逻辑结构属于线性结构，存储结构属于非线性结构。

　　C．一个逻辑数据结构可以有多种存储结构，且各种存储结构不影响数据处理的效率。

　　D．一个逻辑数据结构可以有多种存储结构，且各种存储结构影响数据处理的效率。

【答案】D。

【分析】一个逻辑结构可以有多种存储结构，不同的存储结构对数据处理的效率是有影响的，线性结构对查找数据比较方便，但是插入和删除数据比较麻烦，链表结构对插入删除数据方便，查找麻烦，栈结构对取数据方便，但是对随机取数据麻烦。

数据结构是否是线性的，是看数据结构中元素间的关系，如果数据结构中除最后一个节点外，其他的节点有只有一个后继节点，除第一个节点外，其他节点只有一个前驱节点的，则为线性结构，否则为非线性的。如线性表是线性的，不管存储结构是链式的链式线性表还是存储结构是顺序的顺序线性表都是线性结构。

5．下列关于栈的描述中错误的是（　　　）。

　　A．栈是先进后出的线性表。

　　B．栈只能顺序存储。

　　C．栈具有记忆作用。

　　D．对栈的插入与删除操作中，不需要改变栈底指针。

【答案】B。

【分析】一定要明白，逻辑结构可以是链式存储方式也可以是顺序存储方式，这和具体是哪种数据结构无关。栈是一种受限的数据结构，只允许栈顶操作元素。

6．按照"后进先出"原则组织数据的数据结构是（　　　）。

　　A．队列　　　　　　B．栈　　　　　　C．双向链表　　　　D．二叉树

【答案】B。

【分析】队列是先进先出的数据结构，栈是后进先出。

7．列关于栈的描述正确的是（　　　）。

　　A．在栈中只能插入元素而不能删除元素。

　　B．在栈中只能删除元素而不能插入元素。

　　C．栈是特殊的线性表，只能在一端插入或删除元素。

　　D．栈是特殊的线性表，只能在一端插入元素，而在另一端删除元素。

【答案】C。

【分析】栈是一种特殊的线性表，是操作受限的线性表，只能在一端插入或删除元素，操作元素的一端是栈的栈顶。

8．下列对于线性链表的描述中正确的是（　　　）。

　　A．存储空间不一定是连续，且各元素的存储顺序是任意的。

　　B．存储空间不一定是连续，且前件元素一定存储在后件元素的前面。

　　C．存储空间必须连续，且前件元素一定存储在后件元素的前面。

　　D．存储空间必须连续，且各元素的存储顺序是任意的。

【答案】A。

【分析】线性链表从名字上就有两层含义，逻辑上是线性表（即除第一个结点外，其他的结点都有唯一的前件，除最后一个结点外，其他的结点都有唯一的后件），存储结构上是链式表（即各元素在物理上存储顺序任意，元素之间的逻辑联系是由结点指针维持的）。

9. 下列叙述中正确的是（　　　）。

　　A. 线性链表是线性表的链式存储结构。

　　B. 栈与队列是非线性结构。

　　C. 双向链表是非线性结构。

　　D. 只有根结点的二叉树是线性结构。

【答案】A。

【分析】栈与队列是线性表，是操作受限的线性表，双向链表也是线性表，线性表都是线性结构。二叉树是非线性结构。

10. 在深度为7的满二叉树中，叶子结点的个数为（　　　）。

　　A. 32　　　　　　　B. 31　　　　　　　　C. 64　　　　　　　　D. 63

【答案】C。

【分析】深度为 n 的满二叉树，叶子节点的个数是 2^{n-1} 个。

11. 对图3.13（a）所示二叉树

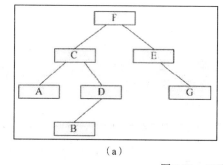

（a）　　　　　　　　　　　　　　　　　　　（b）

图3.13　二叉树结构

进行中序遍历的结果是（　　　）。

　　A. ACBDFEG　　B. ACBDFGE　　　　C. ABDCGEF　　　　　D. FCADBEG

【答案】A。

【分析】中序遍历的顺序是先左子树，再根，再右子树，对于子树里面也是先左子树，然后是根，然后是右子树。因此做题的方法是，先把顶层的根打开，将树分成三部分，顺序是左子树、根、右子树，然后对左子树和右子树又按照刚才的方法打开，直到没有连接后，打开的顺序就是中序遍历的结果。例如，图3.13中，第一次打开后形成如图3.14所示三部分：

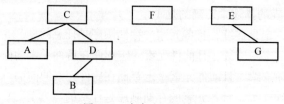

图3.14　中序遍历的结果

再次在第二层打开后如图3.15所示。

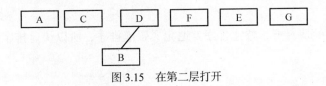

图 3.15　在第二层打开

最后把剩下的打开后如图 3.16 所示：

图 3.16　打开剩下的子树

12．对图 3.13（b）所示二叉树，进行后序遍历的结果为（　　　）。

　　A．ABCDEF　　　　B．DBEAFC　　　　C．ABDECF　　　　D．DEBFCA

【解答】：D。后序遍历的顺序是先左子树，再右子树，最后是根。对子树里面也是先左子树，再右子树，最后是根。因此做题的方法是先把顶层打开，按照左子树、右子树、根排列，然后对左子树、右子树又这样操作，直到没有连接的子树。例如图 3.13（b）做题步骤如下：

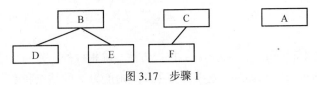

图 3.17　步骤 1

第二次打开如图 3.18 所示：

图 3.18　步骤 2

13．在长度为 64 的有序线性表中进行顺序查找，最坏情况下需要比较的次数为（　　　）。

　　A．63　　　　　　B．64　　　　　　　C．6　　　　　　　D．7

【解答】B。

【分析】本题没有说明示有序线性顺序表还是有序线性链表，如果在有序线性链表下最坏的情况是每个元素都要比较，则是 64 次；如果是线性顺序表，利用二分法，则只需要 $\log_2 64-1$ 即 7 次。

14．下列数据结构中，能用二分法进行查找的是（　　　）。

　　A．顺序存储的有序线性表　　　　　　B．线性链表

　　C．二叉链表　　　　　　　　　　　　D．有序线性链表

【解答】A。

【分析】能进行二分法进行查找的数据结构只有顺序存储的有序线性表。

15．对长度为 n 的线性表进行顺序查找，在最坏情况下所需要的比较次数为（　　　）。

　　A．$\log_2 n$　　　B．$n/2$　　　　　C．n　　　　　　D．$n+1$

【解答】C。

16．对于长度为 n 的线性表，在最坏情况下，下列各排序法所对应的比较次数中正确的是（　　　）。

　　A．冒泡排序为 $n/2$　　　　　　　　　B．冒泡排序为 n

　　C．快速排序为 n　　　　　　　　　　D．快速排序为 $n(n-1)/2$

【解答】D。

【分析】在最坏的情况下，快速排序就退化成冒泡排序，所以快速排序的的比较次数变为 $n(n-1)/2$。

二、填空题

1. 算法复杂度主要包括时间复杂度和＿＿＿＿＿＿＿复杂度。

【解答】空间。

2. 问题处理方案的正确而完整的描述称为＿＿＿＿＿＿＿。

【解答】算法。

3. 数据结构分为逻辑结构和存储结构，循环队列属于＿＿＿＿＿＿＿结构。

【解答】存储。

4. 按"先进后出"原则组织数据的数据结构是＿＿＿＿＿＿＿。

【解答】栈。

5. 数据结构分为线性结构和非线性结构，带链的队列属于＿＿＿＿＿＿＿。

【解答】线性结构。

6. 某二叉树中，度为 2 的结点有 18 个，则该二叉树中有＿＿＿＿＿＿＿个叶子结点。

【解答】19。

【分析】在二叉树中有一公式，$n_0=n_2+1$；推导方法：除根以外，每一个结点都有唯一的根，所以分支的个数为 $n_0+n_1+n_2-1$，另外，这些分支主要是由度为 2 的结点和度为 1 的结点产生，其中度为 2 的结点，每个节点产生 2 条，度为 1 的结点每个结点产生 1 条，故分支又可以表示为 $2*n_2+n_1$，即有 $2*n_2+n_1=n_0+n_1+n_2-1$，即 $n_0=n_2+1$。其中 n_2 表示度为 2 的结点数，n_1 表示度为 1 的节点数，n_0 表示度为 0 的节点数，即叶子结点数量。

7. 一棵二叉树第六层（根结点为第一层）的结点数最多为＿＿＿＿＿＿＿个。

【解答】32。

8. 对长度为 10 的线性表进行冒泡排序，最坏情况下需要比较的次数为＿＿＿＿＿＿＿。

【解答】45。

3.13　软件开发基础知识

一、选择题

1. 结构化程序设计主要强调的是（　　　）。

  A. 程序的规模   B. 程序的易读性

  C. 程序的执行效率   D. 程序的可移植性

【答案】B。

【分析】结构化程序设计强调"清晰第一，效率第二"，其中的清晰就是易读性。

2. 对建立良好的程序设计风格，下列描述正确的是（　　　）。

  A. 程序应简单、清晰、可读性好 B. 符号名的命名只要符合语法

  C. 充分考虑程序的执行效率   D. 程序的注释可有可无

【答案】A。

【分析】好的程序设计风格是程序应简单、清晰、可读性好。符号名的命名要求做到见名知义。

在不损害可读性的情况下，提高程序执行效率，在晦涩难理解的地方和函数体外加上适当的注释，便于理解代码的含义。

3．在面向对象方法中，一个对象请求另一个对象为其服务的方式是通过发送（　　　）。

  A．调用语句　　　　　B．命令　　　　　　C．口令　　　　　　D．消息

【答案】：D。

4．下面描述中，符合结构化程序设计风格的是（　　　）。

  A．使用顺序、选择和重复（循环）3 种基本控制结构表示程序的控制逻辑。

  B．模块只有一个入口，可以有多个出口。

  C．注重提高程序的执行效率。

  D．不使用 goto 语句。

【答案】A。

【分析】在结构化程序设计的具体实施中，要注意把握如下要素：

（1）使用程序设计语言中的顺序、选择、循环等有限的控制结构表示程序的控制逻辑；

（2）选用的控制结构中只准许有一个入口和一个出口；

（3）程序语句组成容易识别的块，每块只有一个入口和一个出口；

（4）复杂结构应该用嵌套的基本控制结构进行组合嵌套来实现；

（5）语言中所没有的控制结构，应该采用前后一致的方法来模拟；

（6）严格控制 GOTO 语句的使用。意思是指：

① 用一个非结构化的程序设计语言去实现一个结构化的构造；

② 若不使用 GOTO 语句会使功能模糊；

③ 在某种可以改善而不是有损程序可读性的情况下。

5．下面概念中，不属于面向对象方法的是（　　　）。

  A．对象　　　　　　B．继承　　　　　　C．类　　　　　　　D．过程调用

【答案】D。

【分析】对象、继承、类都是面向对象的术语，过程调用是结构化程序设计的术语。

6．面向对象的设计方法与传统的面向过程的方法有本质不同，它的基本原理是（　　　）。

  A．模拟现实世界中不同事物之间的联系

  B．强调模拟现实世界中的算法而不强调概念

  C．使用现实世界的概念抽象地思考问题从而自然地解决问题

  D．鼓励开发者在软件开发的绝大部分中都用实际领域的概念去思考

【答案】C。

【分析】面向对象的程序设计与传统的面向过程方法不同的主要优点如下。

（1）与人类习惯的思维方法一致。采用现实世界的概念抽象地思考问题从而自然地解决问题。它强调模拟现实世界中的感念而不强调算法，鼓励开发者在软件开发的绝大部分过程中都用应用领域的概念去思考。

（2）稳定性好。因为面向对象软件设计思想是按照现实世界的概念抽象的思考问题，注重对现实世界的模拟，而结构化的程序设计思想是对功能的实现，如果功能发生改变，则结构化程序设计中有可能对功能结构进行更改，但在面向对象软件设计中因功能的改变而改变软件结构的情况少，所以面向对象软件设计思想设计出的软件稳定性好。

（3）可重用性好。面向对象软件设计中注重类的继承和软件构件设计，这两方面可以大幅提

高软件的可重用性。传统的结构化软件设计中，一般的是函数库的重用，可重用性有限。

（4）易于开发大型软件产品。大型软件开发中主要是人员的组织安排，面向对象软件设计思想中，因采用模拟现实世界的概念处理问题，因此可以把一个大型产品理解为一系列本质上相互独立的小产品来处理，这样不仅降低了开发技术的难度，而且也便于对开发工作的管理。

7．在软件生命周期中，能准确地确定软件系统必须做什么和必须具备哪些功能的阶段是（　　）。

    A．概要设计　　　B．详细设计　　　C．可行性分析　　　D．需求分析

【答案】D。

【分析】概要设计的目的是确定软件结构、层次；详细设计的目的是确定各对象内部的数据结构，算法，功能等；可行性分析是确定软件在现有的技术、资源、人力和时间等要素下能否完成工作；需求分析阶段是确定软件应该完成的功能，能服务的人群、系统等。

8．下面不属于软件工程的 3 个要素的是（　　）。

    A．工具　　　　　B．过程　　　　　C．方法　　　　　D．环境

【答案】D。

【分析】软件工程的三要素就是工具、过程和方法，目前软件工程的研究也是从这三个方面下手，研究新的开发工具、更加容易控制的开发过程和更容易解决问题的开发方法。

9．在结构化方法中，软件功能分解属于下列软件开发中的阶段是（　　）。

    A．详细设计　　　B．需求分析　　　C．总体设计　　　D．编程调试

【答案】C。

【分析】总体设计阶段是设计软件的架构、层次，这个阶段会对软件的功能进行分解。

10．软件开发的结构化生命周期方法将软件生命周期划分成（　　）。

    A．定义、开发、运行维护　　　　　　　B．设计阶段、编程阶段、测试阶段

    C．总体设计、详细设计、编程调试　　　D．需求分析、功能定义、系统设计

【答案】A。

【分析】软件开发的结构化生命周期方法将软件生命周期划分为软件定义、软件开发和运行维护三个阶段。其中软件定义阶段主要包括可行性研究初步项目计划和需求分析两个活动阶段；软件开发阶段主要是概要设计、详细设计、编码实现和测试四个活动阶段；软件运行与维护阶段主要包括使用、维护和退役三个活动阶段。

11．检查软件产品是否符合需求定义的过程为（　　）。

    A．确认测试　　　B．集成测试　　　C．系统测试　　　D．单元测试

【答案】：A。

12．软件调试的目的是（　　）。

    A．发现错误　　　B．改正错误　　　C．改善软件的性能　　　D．挖掘软件的潜能

【答案】B。

【分析】软件测试的目的是发现错误，软件调试的目的是为了改正错误。

13．软件需求分析阶段的工作，可以分为四个方面：需求获取、需求分析、编写需求规格说明书以及（　　）。

    A．阶段性报告　　　B．需求评审　　　C．总结　　　　D．都不正确

【答案】B。

14. 在软件开发中，下面任务不属于设计阶段的是（　　）。

A. 数据结构设计　　　　　　　　B. 给出系统模块结构

C. 定义模块算法　　　　　　　　D. 定义需求并建立系统模型

【答案】D。

【分析】定义需求并建立系统模型是需求分析阶段的工作。

15. 下列不属于软件调试技术的是（　　）。

A. 强行排错法　B. 集成测试法　　　C. 回溯法　　　　D. 原因排除法

【答案】C。

【分析】回溯法是一种基本算法，是利用一种"试"的方法找出求解问题的解的过程。该方法是通过对问题的分析，找出一个解决问题的线索，然后沿着这个线索逐步试探，对于每一步的试探，若试探成功，就得到问题的解，若试探失败，就逐步回退，换别的路线再进行试探。

16. 下列叙述中，不属于软件需求规格说明书的作用的是（　　）。

A. 便于用户、开发人员进行理解和交流

B. 反映出用户问题的结构，可以作为软件开发工作的基础和依据

C. 作为确认测试和验收的依据

D. 便于开发人员进行需求分析

【答案】D。

【分析】D选项描述的是可行性研究与计划制定阶段的，该阶段确定待开发的软件系统的开发目标和总的要求，给出它的功能、性能、可靠性以及接口等方面的可能方案，制定完成任务的实施计划。该实施计划便于开发人员进行需求分析。

17. 软件设计包括软件的结构、数据、接口和过程设计，其中软件的过程设计是指（　　）。

A. 模块间的关系　　　　　　　　B. 系统结构部件转换成软件的过程描述

C. 软件层次结构　　　　　　　　D. 软件开发过程

【答案】B。

【分析】软件设计包括结构设计、数据设计、接口设计和过程设计，其中，结构设计是定义软件系统各主要部件之间的关系；数据设计是将分析时创建的模型转化为数据结构的定义；接口设计是描述软件内部、软件和协作系统之间以及软件与人之间如何通信；过程设计则是把系统结构部件转换成过程性描述。

18. 需求分析阶段的任务是确定（　　）。

A. 软件开发方法　　　　　　　　B. 软件开发工具

C. 软件开发费用　　　　　　　　D. 软件系统功能

【答案】D。

19. 在软件工程中，白盒测试法可用于测试程序的内部结构。此方法将程序看作是（　　）。

A. 循环的集合　B. 地址的集合　　　C. 路径的集合　　D. 目标的集合

【答案】C。

【分析】软件测试的白盒测试是穷举路径的测试，主要方法有逻辑覆盖、基本路径测试等。

20. 为了提高测试的效率，应该（　　）。

A. 随机选取测试数据

B. 取一切可能的输入数据作为测试数据

    C．在完成编码以后制定软件的测试计划

    D．集中对付那些错误群集的程序

【答案】D。

【分析】A 随机选取的测试数据很难覆盖到所有的路径。

二、填空题

1．结构化程序设计的 3 种基本逻辑结构为顺序、选择和_____。

【解答】循环。

2．源程序文档化要求程序应加注释。注释一般分为序言性注释和_____。

【解答】功能性注释。

3．在面向对象方法中，信息隐蔽是通过对象的_____性来实现的。

【解答】封装性。面向对象方法中主要是四个特征：继承、多态、抽象、封装。

4．类是一个支持集成的抽象数据类型，而对象是类的_____。

【解答】一个实例。

5．在面向对象方法中，类之间共享属性和操作的机制称为_____。

【解答】继承。

6．结构化程序设计方法的主要原则可以概括为_____、_____、_____和_____。

【解答】自顶向下、逐步求精、模块化、限制使用 goto 语句。

7．软件是程序、数据和_____的集合。

【解答】相关文档。

8．软件工程研究的内容主要包括_____技术和软件工程管理。

【解答】软件开发。

9．软件开发环境是全面支持软件开发全过程的_____集合。

【解答】软件工具。

10．若按功能划分，软件测试的方法通常分为_____测试方法和_____测试方法。

【解答】白盒、黑盒。

11．软件的调试方法主要有：_____、_____和_____。

【解答】强行排错法、回溯法、原因排除法。

12．软件的需求分析阶段的工作，可以概括为四个方面：_____、_____、_____和_____。

【解答】需求获取、需求分析、编写需求规格说明书、需求评审。

13．耦合和内聚是评价模块独立性的两个主要标准，其中_____反映了模块内各成分之间的联系。

【解答】：内聚。

附录 I
全国计算机等级考试大纲

（2008 年最新版）

公共基础知识

【基本要求】

1. 掌握算法的基本概念。
2. 掌握基本数据结构及其操作。
3. 掌握基本排序和查找算法。
4. 掌握逐步求精的结构化程序设计方法。
5. 掌握软件工程的基本方法，具有初步应用相关技术进行软件开发的能力。
6. 掌握数据库的基本知识，了解关系数据库的设计。

【考试内容】

一、基本数据结构与算法

1. 算法的基本概念，算法复杂度的概念和意义（时间复杂度与空间复杂度）。
2. 数据结构的定义，数据的逻辑结构与存储结构，数据结构的图形表示，线性结构与非线性结构的概念。
3. 线性表的定义，线性表的顺序存储结构及其插入与删除运算。
4. 栈和队列的定义，栈和队列的顺序存储结构及其基本运算。
5. 线性单链表、双向链表与循环链表的结构及其基本运算。
6. 树的基本概念，二叉树的定义及其存储结构，二叉树的前序、中序和后序遍历。
7. 顺序查找与二分法查找算法，基本排序算法（交换类排序、选择类排序、插入类排序）。

二、程序设计基础

1. 程序设计方法与风格。
2. 结构化程序设计。
3. 面向对象的程序设计方法、对象、属性及继承与多态性。

三、软件工程基础

1. 软件工程基本概念，软件生命周期概念，软件工具与软件开发环境。
2. 结构化分析方法，数据流图，数据字典，软件需求规格说明书。
3. 结构化设计方法，总体设计与详细设计。
4. 软件测试的方法，白盒测试与黑盒测试，测试用例设计，软件测试的实施，单元测试、集成测试和系统测试。

5．程序的调试，静态调试与动态调试。

四、数据库设计基础

1．数据库的基本概念：数据库，数据库管理系统，数据库系统。

2．数据模型，实体联系模型及 E-R 图，从 E-R 图导出关系数据模型。

3．关系代数运算，包括集合运算及选择、投影、连接运算，数据库规范化理论。

4．数据库设计方法和步骤：需求分析、概念设计、逻辑设计和物理设计的相关策略。

【考试方式】

1．公共基础知识的考试方式为笔试，与 C 语言程序设计（C++语言程序设计、Java 语言程序设计、Visual Basic 语言程序设计、Visual FoxPro 数据库程序设计或 Access 数据库程序设计）的笔试部分合为一张试卷，公共基础知识部分占全卷的 30 分。

2．公共基础知识有 10 道选择题和 5 道填空题。

C 语言程序设计

【基本要求】

1．熟悉 Visual C++6.0 集成开发环境。

2．掌握结构化程序设计的方法，具有良好的程序设计风格。

3．掌握程序设计中简单的数据结构和算法并能阅读简单的程序。

4．在 VisualC++6.0 集成环境下，能够编写简单的 C 程序，并具有基本的纠错和调试程序的能力。

【考试内容】

一、C 语言的结构

1．程序的构成，main()函数和其他函数。

2．头文件，数据说明，函数的开始和结束标志。

3．源程序的书写格式。

4．C 语言的风格。

二、数据类型及其运算

1．C 的数据类型（基本类型、构造类型、指针类型、空类型）及其定义方法。

2．C 运算符的种类、运算优先级和结合性。

3．不同类型数据间的转换与运算。

4．C 表达式类型（赋值表达式、算术表达式、关系表达式、逻辑表达式、条件表达式、逗号表达式）和求值规则。

三、基本语句

1．表达式语句、空语句、复合语句。

2．数据的输入与输出，输入输出函数的调用。

3．复合语句。

4．goto 语句和语句标号的使用。

四、选择结构程序设计

1．用 if 语句实现选择结构。

2．用 switch 语句实现多分支选择结构。

3．选择结构的嵌套。

五、循环结构程序设计

1．for 循环结构。

2．while 和 do while 循环结构。

3．continue 语句和 break 语句。

4．循环的嵌套。

六、数组的定义和引用

1．一维数组和多维数组的定义、初始化和引用。

2．字符串与字符数组。

七、函数

1．库函数的正确调用。

2．函数的定义方法。

3．函数的类型和返回值。

4．形式参数与实在参数，参数值的传递。

5．函数的正确调用、嵌套调用、递归调用。

6．局部变量和全局变量。

7．变量的存储类别（自动、静态、寄存器、外部），变量的作用域和生存期。

8．内部函数与外部函数。

八、编译预处理

1．宏定义：不带参数的宏定义；带参数的宏定义。

2．"文件包含"处理。

九、指针

1．指针与指针变量的概念，指针与地址运算符。

2．变量、数组、字符串、函数、结构体的指针以及指向变量、数组、字符串、函数、结构体的指针变量。通过指针引用以上各类型数据。

3．用指针作函数参数。

4．返回指针值的指针函数。

5．指针数组、指向指针的指针、main()函数的命令行参数。

十、结构体（即"结构"）与共用体（即"联合"）

1．结构体和共用体类型数据的定义方法和引用方法。

2．用指针和结构体构成链表，单向链表的建立、输出、删除与插入。

十一、位运算

1．位运算符的含义及使用。

2．简单的位运算。

十二、文件操作

只要求缓冲文件系统（即高级磁盘 I/O 系统），对非标准缓冲文件系统（即低级磁盘 I/O 系统）不要求。

1．文件类型指针（FILE 类型指针）。

2．文件的打开与关闭（fopen()，fclose()）。

3．文件的读写（fputc()，fgetc()，fputs()，fgets()，fread()，fwrite()，fprintf()，fscanf()

函数），文件的定位（rewind()，fseek()函数）。

【考试方式】

1．笔试：90分钟，满分100分，其中含公共基础知识部分的30分。

2．上机：90分钟，满分100分。

上机操作包括：

（1）填空；

（2）改错；

（3）编程。

附录 II
全国计算机等级考试二级笔试 C 语言程序设计试卷及答案

2012 年 3 月全国计算机等级考试二级 C 语言笔试试题

一、选择题（1~10、21~40 题每题 2 分，11~20 题每题 1 分，共 70 分）

下列各题 A、B、C、D 四个选项中，只有一个选项是正确的。请将正确选项填涂在答题卡相应位置上，答在试卷上不得分。

1. 下列叙述中正确的是（　　）。
　　A. 循环队列是队列的一种顺序存储结构。
　　B. 循环队列是队列的一种链式存储结构。
　　C. 循环队列是非线性结构。
　　D. 循环队列是一种逻辑结构。

2. 下列叙述中正确的是（　　）。
　　A. 栈是一种先进先出的线性表。
　　B. 队列是一种后进先出的线性表。
　　C. 栈与队列都是非线性结构。
　　D. 以上三种说法都不对。

3. 一棵二叉树共有 25 个结点，其中 5 个是叶子结点，则度为 1 的结点数为（　　）。
　　A. 4　　　　　　　B. 6　　　　　　　C. 10　　　　　　　D. 16

4. 在下列模式中，能够给出数据库物理存储结构与物理存取方法的是（　　）。
　　A. 内模式　　　　B. 外模式　　　　C. 概念模式　　　　D. 逻辑模式

5. 在满足实体完整性约束的条件下（　　）。
　　A. 一个关系中可以没有候选关键字
　　B. 一个关系中只能有一个候选关键字
　　C. 一个关系中必须有多个候选关键字
　　D. 一个关系中应该有一个或多个候选关键字

6. 有三个关系 R、S 和 T 如下：

	R				S				T	
A	B	C		A	B	C		A	B	C
a	1	2		a	1	2		b	2	1
b	2	1		d	2	1		c	3	1
c	3	1								

则由关系 R 和 S 得到关系 T 的操作是（　　）。
　　A. 自然连接　　　B. 并　　　　　　C. 差　　　　　　D. 交

7. 软件生命周期的活动中不包括（　　　　）。

    A. 软件维护　　　　B. 需求分析　　　　　C. 市场调研　　　　　D. 软件测试

8. 下面不属于需求分析阶段任务的是（　　　　）。

    A. 确定软件系统的性能需求　　　　　　B. 确定软件系统的功能需求

    C. 指定软件集成测试计划　　　　　　　D. 需求规格说明书评审

9. 在黑盒测试方法中，设计测试用例的主要根据是（　　　　）。

    A. 程序外部功能　　　　　　　　　　　B. 程序数据结构

    C. 程序流程图　　　　　　　　　　　　D. 程序内部结构

10. 在软件设计中不使用的工具是（　　　　）。

    A. 系统结构图　　B. 程序流程图　　　　C. PAD 图　　　　　D. 数据流图（DFD 图）

11. 针对简单程序设计，以下叙述的实施步骤顺序正确的是（　　　　）。

    A. 确定算法和数据结构、编码、调试、整理文档

    B. 编码、确定算法和数据结构、调试、整理文档

    C. 整理文档、确定算法和数据结构、编码、调试

    D. 确定算法和数据结构、调试、编码、整理文档

12. 关于 C 语言中数的表示，以下叙述中正确的是（　　　　）。

    A. 只有整型数在允许范围内能精确无误地表示，实型数会有误差。

    B. 只要在允许范围内整型数和实型数都能精确地表示。

    C. 只有实型数在允许范围内能精确无误地表示，整型数会有误差。

    D. 只有用八进制表示的数才不会有误差。

13. 以下关于算法的叙述中错误的是（　　　　）。

    A. 算法可以用伪代码、流程图等多种形式来描述。

    B. 一个正确的算法必须有输入。

    C. 一个正确的算法必须有输出。

    D. 用流程图描述的算法可以用任何一种计算机高级语言编写成程序代码。

14. 以下叙述中错误的是（　　　　）。

    A. 一个 C 程序中可以包含多个不同名的函数。

    B. 一个 C 程序只能有一个主函数。

    C. C 程序在书写时，有严格的缩进要求，否则不能编译通过。

    D. C 程序中主函数必须用 main 作为函数名。

15. 设有以下语句

```
char  ch1, ch2;  scanf("%c%c",&ch1,&ch2);
```

若要为变量 ch1 和 ch2 分别输入字符 A 和 B，正确的输入形式应该是（　　　　）。

    A. A 和 B 之间用逗号间隔　　　　　　B. A 和 B 之间不能有任何间隔符

    C. A 和 B 之间可以用回车间隔　　　　D. A 和 B 之间用空格间隔

16. 以下选项中非法的字符常量是（　　　　）。

    A. '\101'　　　　　B. '\65'　　　　　　C. '\xff'　　　　　D. '\019'

17. 有以下程序

```
# include <stdio.h>
```

```
main( )
{ int  a=0, b=0, c=0;
  c=(a-=a-5);  (a=b,b+=4);
  printf("%d,%d,%d\n",a,b,c);
}
```

程序运行后的输出结果是（　　　）。

A. 0, 4, 5　　　B. 4, 4, 5　　　　　C. 4, 4, 4　　　　　D. 0, 0, 0

18. 设变量均已正确定义并赋值，以下与其他 3 组输出结果不同的一组语句是（　　　）。

A. x++; printf("%d\n",x);　　　　　B. n=++x; printf("%d\n",n);

C. ++x; printf("%d\n",x);　　　　　D. n=x++; printf("%d\n",n);

19. 以下选项中，能表示逻辑值"假"的是（　　　）。

A. 1　　　　　B. 0.000001　　　　　C. 0　　　　　D. 100.0

20. 有以下程序

```
# include <stdio.h>
main( )
{ int  a;
  scanf("%d",&a);
  if(a++<9) printf("%d\n",a);
  else     printf("%d\n",a--);
}
```

程序运行时从键盘输入 9<回车>，则输出结果是（　　　）。

A. 10　　　　　B. 11　　　　　C. 9　　　　　D. 8

20. 有以下程序

```
# include <stdio.h>
main( )
{ int  a;
  scanf("%d",&a);
  if( a++<9 ) printf( "%d\n",a );
  else       prinft( "%d\n",a-- );
}
```

程序运行时从键盘输入 9<回车>，则输出结果是（　　　）。

A. 10　　　　　B. 11　　　　　C. 9　　　　　D. 8

21. 有以下程序

```
# include <stdio.h>
main( )
{ int  s=0, n;
  for( n=0; n<3; n++ )
  { switch(s)
    { case  0:
      case  1: s+=1;
      case  2: s+=2; break;
      case  3: s+=3;
      default: s+=4;
    }
    printf("%d,",s);
  }
}
```

程序运行后的输出结果是（　　　　）。

A. 1, 2, 4,　　　B. 1, 3, 6,　　　　　C. 3, 10, 14,　　　　　D. 3, 6, 10,

22. 若 k 是 int 类型变量，且有以下 for 语句

```
for (k=-1; k<0; k++ )  printf("****\n");
```

下面关于语句执行情况的叙述中正确的是（　　　　）。

A. 循环体执行一次　　　　　　　　B. 循环体执行两次

C. 循环体一次也不执行　　　　　　D. 构成无限循环

23. 有以下程序

```
# include <stdio.h>
main( )
{ char a,b,c;
  b='1';  c='A';
  for (a=0; a<6; a++)
  {   if(a%2) putchar(b+a);
      else    putchar(c+a);
  }
}
```

程序运行后的输出结果是（　　　　）。

A. 1B3D5F　　　B. ABCDEF　　　　C. A2C4E6　　　　　D. 123456

24. 设有如下定义语句

```
int  m={2,4,6,8,10}, *k=m;
```

以下选项中，表达式的值为 6 的是（　　　　）。

A. *(k+2)　　　B. k+2　　　　　C. *k+2　　　　　　D. *k+=2

25. fun 函数的功能是通过键盘输入给 x 所指的整型数组所有元素赋值。在下划线处应填写的是（　　　　）。

```
# include <stdio.h>
#define   N   5
void   fun(int  x[N])
{ int  m;
  for (m=N-1; m>=0; m-- ) scanf( "%d", _____ );
}
```

A. &x[++m]　　　B. &x[m+1]　　　C. x+(m++)　　　　D. x+m

26. 若有函数

```
void fun(double  a, int *n)
{ ...... }
```

以下叙述中正确的是（　　　　）。

A. 调用 fun 函数时只有数组执行按值传送，其他实参和形参之间执行按地址传送。

B. 形参 a 和 n 都是指针变量。

C. 形参 a 是一个数组名，n 是指针变量。

D. 调用 fun 函数时将把 double 型实参数组元素一一对应地传送给形参 a 数组。

27. 有以下程序

```c
# include <stdio.h>
main( )
{ int  a,b,k,m,*p1,*p2;
   k=1, m=8;
   p1=&k, p2=&m;
   a=/*p1-m; b=*p1+*p2+6;
   printf( "%d ",a ); printf( "%d\n",b );
}
```

编译时编译器提示错误信息，你认为出错的语句是（　　）。

A．a=/*p1-m
B．b=*p1+*p2+6;

C．k=1, m=8;
D．p1=&k, p2=&m;

28. 以下选项中有语法错误的是（　　）。

A．char *str[ ] = {"guest"};
B．char str[ ][10] = {"guest"};

C．char *str[3]; str[1]="guest";
D．char str[3][10]; str[1]="guest";

29. avg 函数的功能是求整型数组中的前若干个元素的平均值，设数组元素个数最多不超过
10，则下列函数说明语句错误的是（　　）。

A．int avg(int *a, int n);
B．int avg(int a[10], int n);

C．int avg(int a, int n);
D．int avg(int a, int n);

30. 有以下程序

```c
# include <stdio.h>
# include <string.h>
main( )
{ printf( "%d\n",strlen("ATS\n012\1")); }
```

程序运行后的输出结果是（　　）。

A．3
B．8
C．4
D．9

31. 有以下程序

```c
# include <stdio.h>
main( )
{ char  a[20], b[20], c[20];
   scanf( "%s%s" ,a,b );
   gets(c);
   printf("%s%s%s\n",a,b,c);
}
```

程序运行时从第一列开始输入：

This is a cat!<回车>

则输出结果是（　　）。

A．Thisisacat!
B．Thisis a
C．thisis a cat!
D．Thisisa cat!

32. 有以下程序

```c
# include <stdio.h>
void fun( char  c )
{ if (c>'x') fun( c-1 );
```

```
        printf( "%c%",c);
    }
main( )
{ fun('z'); }
```

程序运行后的输出结果是（　　　）。

A. xyz　　　　　　B. wxyz　　　　　　　C. zyxw　　　　　　D. zyx

33. 有以下程序

```
# include <stdio.h>
void func( int n )
{ int i;
    for (i=0; i<=n; i++) printf("*");
    printf("#");
}
main( )
{ func( 3 ); printf("????"); func(4); printf("\n"); }
```

程序运行后的输出结果是（　　　）。

A. ****#????***#　　　　　　　　　B. ***#????****#

C. **#????*****#　　　　　　　　　D. ****#????*****#

34. 有以下程序

```
# include <stdio.h>
void fun( int *s )
{ static int j=0;
    do { s[j] = s[j] + s[j+1]; } while( ++j < 2 );
}
main( )
{ int k,a[10]={1,2,3,4,5};
    for( k=1; k<3; k++) fun(a);
    for( k=0; k<5; k++) printf("%d", a[ k ] );
    printf("\n" );
}
```

程序运行后的输出结果是（　　　）。

A. 12345　　　　B. 23445　　　　　　C. 34756　　　　　　D. 35745

35. 有以下程序

```
# include <stdio.h>
# define S(x) (x)*x*2
main( )
{ int k=5, j=2;
    printf( "%d,", S(k+j)); printf( "%d\n",S((k-j)) );
}
```

程序运行后的输出结果是（　　　）。

A. 98,18　　　　B. 39,11　　　　　　C. 39,18　　　　　　D. 98,11

36. 有以下程序

```
# include <stdio.h>
void exch( int t )
{ t[0] = t[5]; }
main( )
```

```
{ int x[10] = {1,2,3,4,6,7,8,9,10},i=0;
  while ( i<=4 ) { exch( &x[i] ); i++; }
  for (i=0; i<5; i++) printf("%d ",x[i]);
  printf( "\n" );
}
```

程序运行后的输出结果是（　　　）。

A. 2 4 6 8 10　　　B. 1 3 5 7 9　　　　　C. 1 2 3 4 5　　　　　D. 6 7 8 9 10

37. 设有以下程序段

```
struct MP3
{ char name[20];
  char color;
  float price;
} std, *ptr;
ptr = &std;
```

若要引用结构体变量 std 中的 color 成员，写法错误的是（　　　）。

A. std.color　　　B. ptr->color　　　C. std->color　　　D. (*ptr).color

38. 有以下程序

```
# include <stdio.h>
struct stu
{ int num; char name[10]; int age; };
void fun(sruct stu *p )
{ printf( "%s\n", p->name ); }
main( )
{ struct stu x[3]={ {01,"Zhang",20},{02,"Wang",19},{03,"Zhao",18} };
  fun( x+2 );
}
```

程序运行后的输出结果是（　　　）。

A. Zhang　　　B. Zhao　　　　　C. Wang　　　　　D. 19

39. 有以下程序

```
# include <stdio.h>
main( )
{ int a=12,c;
  c = (a<<2)<<1;
  printf("%d\n",c);
}
```

程序运行后的输出结果是（　　　）。

A. 3　　　B. 50　　　　　C. 2　　　　　D. 96

40. 以下函数不能用于向文件中写入数据的是（　　　）。

A. ftell　　　B. fwrite　　　　　C. fputc　　　　　D. fprintf

二、填空题（每空 2 分，共 30 分）

请将每空的正确答案写在答题卡【1】～【15】序号的横线上，答在试卷上不得分。

（1）在长度为 n 的顺序存储的线性表中删除一个元素，最坏情况下需要移动表中的元素个数为___【1】___。

（2）设循环队列的存储空间为 Q(1：30)，初始状态为 front=rear=30。现经过一系列入队与退队运算后，front=16，rear=15，则循环队列中有___【2】___个元素。

（3）数据库管理系统提供的数据语言中，负责数据的增、删、改和查询的是____【3】____。

（4）在将 E-R 图转换到关系模式时，实体和联系都可以表示成____【4】____。

（5）常见的软件工程方法有结构化方法和面向对象方法，类、继承以及多态性等概念属于____【5】____。

（6）变量 a 和 b 已定义为 int 类型，若要通过 scanf("a=%d,b=%d",&a,&b); 语句分别给 a 和 b 输入 1 和 2，则正确的数据输入内容是____【6】____。

（7）以下程序的输出结果是____【7】____。

```
# include <stdio.h>
main( )
{ int a=37;
   a+=a%=9; printf(%d\n",a);
}
```

（8）设 a、b、c 都是整型变量，如果 a 的值为 1，b 的值为 2，则执行 c=a++||b++; 语句后，变量 b 的值是____【8】____。

（9）有以下程序段

```
s=1.0;
for (k=1; k<=n; k++)  s=s+1.0/(k*(k+1));
printf("%f\n",s);
```

请填空，使以下程序段的功能与上面的程序段完全相同。

```
s=1.0;  k=1;
while (____【9】____)
{ s=s+1.0/(k*(k+1));  k=k+1;  }
printf("%f\n", s);
```

（10）以下程序的输入结果是____【10】____。

```
# include <stdio.h>
main( )
{ char  a,b;
   for (a=0; a<20; a+=7) { b=a%10; putchar(b+'0'); }
}
```

（11）以下程序的输出结果是____【11】____。

```
# include <stdio.h>
main( )
{ char *ch[4]={"red","green","blue"};
   int i=0;
   while ( ch[i] )
   { putchar(ch[i][0]); i++; }
}
```

（12）有以下程序

```
# include <stdio.h>
main( )
{ int arr={1,3,5,7,2,4,6,8}, i, start;
   scanf("%d", &start);
   for (i=0; i<3; i++)
```

```
        printf("%d", arr[start+i]%8] );
    }
```

若在程序运行时输入整数 10<回车>，则输出结果为___【12】___。

（13）以下程序的功能是输出 a 数组中所有字符串，请填空。

```
# include <stdio.h>
main( )
{ char *a[ ]={"ABC", "DEFGH", "IJ", "KLMNOP" }
  int i=0;
  for (; i<4; i++) printf("%s\n",___【13】___);
}
```

（14）以下程序的输出结果是___【14】___。

```
# include <stdio.h>
# include <stdio.h>
# include <string.h>
main( )
{ char *p, *q, *r);
  p = q = r = (char *) malloc(sizeof(char)*20);
  strcpy(p,"attaboy,welcome!");
  printf("%c%c%c\n",p[11],q[3],r[4]);
  free(p);
}
```

（15）设文件 test.txt 中原已写入字符串 Begin，执行以下程序后，文件中的内容为___【15】___。

```
# include <stdio.h>
main( )
{ FILE *fp;
  fp = fopen( "test.txt","w+" );
  fputs("test", ftp );
  fclose(fp);
}
```

2012 年 3 月全国计算机等级考试二级 C 语言参考答案

一、选择题

1～5.　ADDAD；　　　6～10.　CBCAD；　　　11～15.　ABBCB；

16～20.　DADCA；　　21～25.　CACAD；　　　26～30.　CADCB；

31～35.　CADDC；　　36～40.　DCBDA。

二、填空题

（1）n-1；　　（2）29；　　　　　　（3）数据库操纵语言；

（4）关系；　　（5）面向对象方法；　　（6）a=1，b=2；

（7）2；　　　（8）2；　　　　　　　（9）k<=n；

（10）074；　　（11）rgb；　　　　　（12）572；

（13）a[i]；　　（14）cab；　　　　　（15）test。

学生成绩管理系统源代码清单

```c
#include <stdio.h>
#include<stdlib.h>
#include <conio.h>
#include <string.h>
#include <malloc.h>
typedef struct
{
    char sno[6];        /*学号*/
    char name[9];        /*姓名*/
    char sex[9];        /*性别*/
    char borth[9];       /*出生年月*/
    char grass[9];       /*班级*/
    char username[20]; /*用户名*/
    char pass[20];       /*密码*/
}Student;
typedef struct tea
{
    char tno[6];        /*教师号*/
    char name[9];        /*姓名*/
    char sex[9];        /*性别*/
    char borth[9];       /*出生年月*/
    char work[9];        /*职称*/
    char inf[30];        /*简介*/
    char username[20]; /*用户名*/
    char pass[20];       /*密码*/
} Teacher;
typedef struct
{
    char cno[6];        /*课程号*/
    char name[9];        /*课程名*/
    char time[9];        /*学期*/
    char teacher[9];     /*教师*/
    char address[9];     /*地点*/
    char texttime[9];    /*学时分布*/
    char inf[30];        /*介绍*/
    char score[3];       /*学分*/
```

```
        char found[20];        /*考试方式*/
} Course;
typedef struct
{
        char sno[6];           /*学号*/
        char cno[6];           /*姓名*/
        float score;           /*成绩*/
} StudentScore;
typedef struct stunode
{
        Student data;
        struct stunode *next;
}studentNode;
typedef struct teanode
{
        Teacher data;
        struct teanode *next;
}teacherNode;
typedef struct counode
{
        Course data;
        struct counode *next;
}courseNode;
typedef struct ssunode
{
        StudentScore data;
        struct ssunode *next;
}studentScoreNode;

studentNode *stuNodeHead;
teacherNode *teaNodeHead;
courseNode  *couNodeHead;
studentScoreNode *sscNodeHead;
void addstudent(studentNode *Head,Student data);
void modifystudent(studentNode *p,char sno[],Student data);
void deletestudent(studentNode *Head,Student data);
void loadstudentlink();
void flushstudent(studentNode *Head);
Student getstudentbyid(studentNode *Head,char sno[]);
                    //如果没有该学生，则返回的学生的学号为-1;
void addteacher(teacherNode *Head,Teacher data);
void modifyteacher(teacherNode *p,Teacher data);
void deleteteacher(teacherNode *Head,Teacher data);
void loadteacherlink(teacherNode *Head);
void flushteacher(teacherNode *Head);
Teacher getTeacherbyid(teacherNode *Head,char tno[]);
                    //如果没有该教师，则返回的教师的职工号为-1;
void addCourse(courseNode *Head,Course data);
void modifyCourse(courseNode *p,Course data);
void deleteCourse(courseNode *Head,Course data);
void loadCourselink(courseNode *Head);
void flushCourse(courseNode *Head);
Course getCoursebyid(courseNode *Head,char sno[]);
                    //如果没有该课程，则返回的课程的课程号为-1;
```

```
void addStudentScore(studentScoreNode *Head,StudentScore data);
void modifyStudentScore(studentScoreNode *p,StudentScore data);
void deleteStudentScore(studentScoreNode *Head,StudentScore data);
void loadStudentScorelink(studentScoreNode *Head);
void flushStudentScore(studentScoreNode *Head);
void mainfram();
void show_student();
void show_teacher();
void show_course();
void show_select();
/************************对学生的操作****************************************/
void list_std();
void listOne_std(Student s);              /*显示一条学生记录*/
void add_std();
void modify_std();
void del_std();
void find_std();
/************************对教师的操作****************************************/
void list_tea();
void listOne_tea(Teacher t);              /*显示一条教师记录*/
void add_tea();
void modify_tea();
void del_tea();
void find_tea();
/************************对课程的操作****************************************/
void list_cou();
void listOne_cou(Course c);               /*显示一条课程记录*/
void add_cou();
void modify_cou();
void del_cou();
void find_cou();
/************************学生分数的操作****************************************/
void find();
void modify();
void add();
void del();
void list();                              //输出成绩
void list_grad();                         //按评级输出
void listOne(StudentScore *s);            /*显示一条学生记录*/
StudentScore max(studentScoreNode *p);    //求取最高分
StudentScore min(studentScoreNode *p);    //求取最低分
float avg(studentScoreNode *p);           //求取平均分
void list_calssify();                     //显示统计
void resort_up(int flag);                 //flag=1 升序, flag=0 降序

/*****************************************************************************/
void main()
{
    char c;
    while(1)
    {
        mainfram();                       /*显示主界面*/
```

```
        c=getchar();getchar();                    /*输入用户选择的功能编号*/
        switch (c)
        {
        case '1':show_student();break;            /*查询*/
        case '2':show_teacher(); break;           /*修改*/
        case '3':show_course(); break;            /*添加*/
        case '4':show_select(); break;            /*删除*/
        case '5':printf("\t\t...退出系统!\n"); return;
        default: printf("\t\t输入错误!请按任意键返回重新选择(1-5)\n");getch();
        }
    }
}
void mainfram()
{
    fflush(stdin);
    printf("\n\t★☆   欢迎使用学生成绩管理系统    ☆★\n\n");
    printf("\t请选择(1-5): \n");
    printf("\t======================================\n");
    printf("\t\t1.学生信息管理\n");
    printf("\t\t2.教师信息管理\n");
    printf("\t\t3.课程信息管理\n");
    printf("\t\t4.选课信息管理\n");
    printf("\t\t5.退出\n");
    printf("\t======================================\n");
    printf("\t您的选择是: ");
}
void show_student()
{
    int flag=1;
    while(flag)
    {
        char c;
        fflush(stdin);
        printf("\n\t★☆   学生信息管理    ☆★\n\n");
        printf("\t请选择(1-5): \n");
        printf("\t======================================\n");
        printf("\t\t1.登记学生信息\n");
        printf("\t\t2.修改学生信息\n");
        printf("\t\t3.删除学生信息\n");
        printf("\t\t4.查询学生信息\n");
        printf("\t\t5.浏览学生信息\n");
        printf("\t\t6.退出\n");
        printf("\t======================================\n");
        printf("\t您的选择是: ");
        c=getchar();getchar();                    /*输入用户选择的功能编号*/
        switch (c)
        {
        case '1': add_std();break;
        case '2': modify_std();break;
```

```
        case '3': del_std();break;
        case '4': find_std();break;
        case '5': list_std();break;
        case '6': flag=0;break;
        default: printf("\t\t 输入错误!请按任意键返回重新选择(1-6)\n");getch();
        }
    }
}
void show_teacher()
{
    int flag=1 ;
    while(flag)
    {
        fflush(stdin);
        printf("\n\t★☆   教师信息管理    ☆★\n\n");
        printf("\t 请选择(1-5): \n");
        printf("\t=======================================\n");
        printf("\t\t1.登记教师信息\n");
        printf("\t\t2.修改教师信息\n");
        printf("\t\t3.删除教师信息\n");
        printf("\t\t4.查询教师信息\n");
        printf("\t\t5.显示教师信息\n");
        printf("\t\t6.退出\n");
        printf("\t=======================================\n");
        printf("\t 您的选择是: ");
        char d;
        d=getchar();getchar();              /*输入用户选择的功能编号*/
        switch (d)
        {
        case '1': add_tea();break;
        case '2': modify_tea();break;
        case '3': del_tea();break;
        case '4': find_tea();break;
        case '5': list_tea();break;
        case '6': flag=0;break;
        default:  printf("\t\t 输入错误!请按任意键返回重新选择(1-6)\n");getch();
        }
    }
}
void show_course()
{
    int flag=1;
    while(flag)
    {
        fflush(stdin);
        printf("\n\t★☆   课程信息管理    ☆★\n\n");
        printf("\t 请选择(1-5): \n");
        printf("\t=======================================\n");
        printf("\t\t1.登记课程信息\n");
        printf("\t\t2.修改课程信息\n");
        printf("\t\t3.删除课程信息\n");
```

```
        printf("\t\t4.查询课程信息\n");
        printf("\t\t5.显示课程信息\n");
        printf("\t\t6.退出\n");
        printf("\t======================================\n");
        printf("\t 您的选择是: ");
        char c;
        c=getchar();getchar();                /*输入用户选择的功能编号*/
        switch (c)
        {
        case '1': add_cou();break;
        case '2': modify_cou();break;
        case '3': del_cou();break;
        case '4': find_cou();break;
        case '5': list_cou();break;
        case '6':flag=0;break;
        default: printf("\t\t 输入错误!请按任意键返回重新选择(1-6)\n");getch();
        }
    }

}
void show_select()
{
    fflush(stdin);
    printf("\n\t★☆    学生信息管理    ☆★\n\n");
    printf("\t 请选择(1-5): \n");
    printf("\t======================================\n");
    printf("\t\t1.查询学生成绩\n");
    printf("\t\t2.添加学生成绩\n");
    printf("\t\t3.修改学生成绩\n");
    printf("\t\t4.删除学生成绩\n");
    printf("\t\t5.浏览学生成绩\n");
    printf("\t\t6.按评级输出成绩\n");
    printf("\t\t7.统计成绩\n");
    printf("\t\t8.对总成绩排名输出\n");
    printf("\t\t9.退出\n");
    printf("\t======================================\n");
    printf("\t 您的选择是: ");
    char c;
    c=getchar();getchar();                    /*输入用户选择的功能编号*/
    switch (c)
    {
    case '1':find();break;
    case '2':add();break;
    case '3':modify();break;
    case '4':del();break;
    case '5':list();break;
    case '6':list_grad();break;
    case '7':list_calssify();break;
    case '8':resort_up(1);                  //升序
        resort_up(0);                       //降序
```

```
                break;
        case '9':break;
        default: printf("\t\t输入错误!请按任意键返回重新选择(1-8)\n");getch();
        }
    }
void loadstudentlink()
{
    Student node;
    FILE *fp;
    studentNode *pre,*q;
    if((fp=fopen("studentlst.a","rt"))==0)
    {
        printf("\n文件打不开,不能加载学生信息!");
        getch();
        return;
    }
    stuNodeHead=NULL;
    fread(&node,sizeof(Student),1,fp);
    while(!feof(fp))
    {
        if(stuNodeHead==NULL)
        {
            stuNodeHead=(studentNode *)malloc(sizeof(studentNode));
            stuNodeHead->data=node;
            stuNodeHead->next=NULL;
            pre=stuNodeHead;
        }else
        {
            q=(studentNode *)malloc(sizeof(studentNode));
            pre->next=q;
            q->data=node;
            q->next=NULL;
            pre=q;
        }
        fread(&node,sizeof(Student),1,fp);
    }
    fclose(fp);
}
void addstudent(Student data)
{
    studentNode *p,*q;
    p=stuNodeHead;

    while(p!=NULL&&p->next!=NULL)
    {
        q=p->next;
        p=q;
        q=q->next;
    }
    if(p!=NULL)
    {
        if(strcmp(p->data.sno,"-1")!=0)
        {
            p->next=(studentNode *)malloc(sizeof(studentNode));
            p=p->next;
```

```
        }
    }
    else
    {
        p=stuNodeHead=(studentNode *)malloc(sizeof(studentNode));
    }
    p->data=data;
    p->next=NULL;
}
void modifystudent(studentNode *p,char sno[],Student data)
{
    if(p==NULL){printf("\n 没有学生信息，不能修改！\n");return;}
    while(p!=NULL)
    {
        if(strcmp(p->data.sno,sno)==0)
            break;
        p=p->next;
    }
    if(p!=NULL)
        p->data=data;
}
void deletestudent(studentNode *Head,Student data)
{
    studentNode *pre=Head,*p;
    if(Head==NULL){printf("\n 没有学生信息，不能删除！\n");return;}
    if(strcmp(Head->data.sno,data.sno)==0)
    {
        pre=Head->next;
        Head->data=Head->next->data;
        Head->next=Head->next->next;
        free(pre);
    }
    else
    {
        p=pre->next;
        while(p!=NULL)
        {
            if(strcmp(pre->next->data.sno,data.sno)==0)
            {
                p=pre->next;
                pre->next=p->next;
                free(p);
                break;
            }
            pre=pre->next;
            p=pre->next;
        }
    }
}
void flushstudent()
{
    FILE *fp;
    studentNode *pre;
    if((fp=fopen("studentlst.a","w"))==0)
    {
```

```
            printf("\n 文件打不开，不能保存学生信息!");
            getch();
            return;
    }
    if(stuNodeHead==NULL){printf("\n 没有学生信息，不能保存! \n");return;}
    pre=stuNodeHead;
    while(pre!=NULL)
    {
        fwrite(&pre->data,sizeof(Student),1,fp);
        pre=pre->next;
    }
    fclose(fp);
}
Student getstudentbyid(studentNode *Head,char sno[])
{
    Student node;
    strcpy(node.sno,"-1");
    while(Head!=NULL&&strcmp(Head->data.sno,sno)!=0)
    {
        Head=Head->next;
    }
    if(Head!=NULL)
    {
        return Head->data;
    }
    return node;
}
void loadteacherlink()
{
    Teacher node;
    FILE *fp;
    teanode *pre,*q;
    if((fp=fopen("teacherlst.a","rt"))==0)
    {
        printf("\n 文件打不开，不能添加教师信息!\n");
        getch();
        return;
    }
    teaNodeHead=NULL;
    fread(&node,sizeof(Teacher),1,fp);
    while(!feof(fp))
    {
        if(teaNodeHead==NULL)
        {
            teaNodeHead=(teacherNode *)malloc(sizeof(teacherNode));
            teaNodeHead->data=node;
            teaNodeHead->next=NULL;
            pre=teaNodeHead;
        }
        else
        {
            q=(teacherNode *)malloc(sizeof(teacherNode));
            pre->next=q;
            q->data=node;
            q->next=NULL;
```

```
                pre=q;
        }
        fread(&node,sizeof(Teacher),1,fp);
    }
    fclose(fp);
}
void addteacher(Teacher data)
{
    teacherNode *p,*q;
    p=teaNodeHead;
    while(p!=NULL&&p->next!=NULL)
    {
        q=p->next;
        p=q;
        q=q->next;
    }
    if(p!=NULL)
    {if(strcmp(p->data.tno,"-1")!=0)
    {
        p->next=(teacherNode *)malloc(sizeof(teacherNode));
        p=p->next;
    }
    }
    else
    {teaNodeHead=(teacherNode *)malloc(sizeof(teacherNode));
    p=teaNodeHead;
    }
    p->data=data;
    p->next=NULL;
}
void modifyteacher(teacherNode *p,char sno[],Teacher data)
{
    if(p==NULL){printf("\n没有教师信息，不能修改！\n");return;}
    while(p!=NULL)
    {
        if(strcmp(p->data.tno,sno)==0)
            break;
        p=p->next;
    }
    if(p!=NULL)
        p->data=data;
}
void deleteteacher(teacherNode *Head,Teacher data)
{
    teacherNode *pre=Head,*p;
    if(Head==NULL){printf("\n没有教师信息，不能删除！\n");return;}
    if(strcmp(Head->data.tno,data.tno)==0)
    {
        pre=Head->next;
        Head->data=Head->next->data;
        Head->next=Head->next->next;
        free(pre);
    }
    else
    {
```

```
                p=pre->next;
                while(p!=NULL)
                {
                    if(strcmp(pre->next->data.tno,data.tno)==0)
                    {
                        p=pre->next;
                        pre->next=p->next;
                        free(p);
                        break;
                    }
                    pre=pre->next;
                    p=pre->next;
                }
            }
        }
        void flushteacher()
        {
            FILE *fp;
            teacherNode *pre;
            if((fp=fopen("teacherlst.a","w"))==0)
            {
                printf("\n 文件打不开，不能保存学生信息!");
                getch();
                return;
            }
            if(stuNodeHead==NULL){printf("\n 没有教师信息，不能保存! \n");return;}
            pre=teaNodeHead;
            while(pre->next!=NULL)
            {
                fwrite(&pre->data,sizeof(teacherNode),1,fp);
                pre=pre->next;
            }
            fclose(fp);
        }
        Teacher getteacherbyid(teacherNode *Head,char sno[])
        {
            Teacher node;
            strcpy(node.tno,"-1");
            while(Head!=NULL&&strcmp(Head->data.tno,sno)!=0)
            {
                Head=Head->next;
            }
            if(Head!=NULL)
            {
                return Head->data;
            }
            return node;
        }
        void loadCourselink()
        {
            Course node;
            FILE *fp;
            counode *pre,*q;
            if((fp=fopen("Courselst.a","rt"))==0)
            {
```

```
            printf("\n 文件打不开，不能添加课程信息！\n");
            getch();
            return;
        }
    couNodeHead=NULL;
    fread(&node,sizeof(Course),1,fp);
    while(!feof(fp))
    {
        if(couNodeHead==NULL)
        {
            couNodeHead=(courseNode *)malloc(sizeof(courseNode));
            couNodeHead->data=node;
            couNodeHead->next=NULL;
            pre=couNodeHead;
        }
        else
        {
            q=(courseNode *)malloc(sizeof(courseNode));
            pre->next=q;
            q->data=node;
            q->next=NULL;
            pre=q;
        }
        fread(&node,sizeof(Course),1,fp);
    }
    fclose(fp);
}
void addCourse(courseNode *Head,Course data)
{
    courseNode *p,*q;
    p=Head;
    while(p!=NULL&&p->next!=NULL)
    {
        q=p->next;
        p=q;
        q=q->next;
    }
    if(p!=NULL)
    {
        if(strcmp(p->data.cno,"-1")!=0)
        {
            p->next=(courseNode *)malloc(sizeof(courseNode));
            p=p->next;
        }
    }
    else
    {
        couNodeHead=(courseNode *)malloc(sizeof(courseNode));
        p=couNodeHead;
    }
    p->data=data;
    p->next=NULL;
}
void modifyCourse(courseNode *p,char sno[],Course data)
{
```

```
        if(p==NULL){printf("\n 没有课程信息，不能修改！\n");return;}
        while(p!=NULL)
        {
            if(strcmp(p->data.cno,sno)==0)
                break;
            p=p->next;
        }
        if(p!=NULL)
            p->data=data;
    }
void deleteCourse(courseNode *Head,Course data)
{
    courseNode *pre=Head,*p;
    if(Head==NULL){printf("\n 没有课程信息，不能删除！\n");return;}
    if(strcmp(Head->data.cno,data.cno)==0)
    {
        pre=Head->next;
        Head->data=Head->next->data;
        Head->next=Head->next->next;
        free(pre);
    }
    else
    {
        p=pre->next;
        while(p!=NULL)
        {
            if(strcmp(pre->next->data.cno,data.cno)==0)
            {
                p=pre->next;
                pre->next=p->next;
                free(p);
                break;
            }
            pre=pre->next;
            p=pre->next;

        }
    }
}
void flushCourse()
{
    FILE *fp;
    courseNode *pre;
    if((fp=fopen("Courselst.a","w"))==0)
    {
        printf("\n 文件打不开，不能保存学生信息!");
        getch();
        return;
    }
    if(couNodeHead==NULL){printf("\n 没有课程信息，不能保存！\n");return;}
    pre=couNodeHead;
    while(pre->next!=NULL)
    {
        fwrite(&pre->data,sizeof(courseNode),1,fp);
        pre=pre->next;
```

```
    }
    fclose(fp);
}
Course getCoursebyid(courseNode *Head,char sno[])
{
    Course node;
    strcpy(node.cno,"-1");
    while(Head!=NULL&&strcmp(Head->data.cno,sno)!=0)
    {
        Head=Head->next;
    }
    if(Head!=NULL)
    {
        return Head->data;
    }
    return node;
}
void loadStudentScorelink()
{
    StudentScore node;
    FILE *fp;
    studentScoreNode *pre,*q;
    if((fp=fopen("StudentScorelst.a","rt"))==0)
    {
        printf("\n 文件打不开，不能加载学生信息!");
        getch();
        return;
    }
    sscNodeHead=NULL;
    fread(&node,sizeof(StudentScore),1,fp);
    while(!feof(fp))
    {
        if(sscNodeHead==NULL)
        {
            sscNodeHead=(studentScoreNode *)malloc(sizeof(studentScoreNode));
            sscNodeHead->data=node;
            sscNodeHead->next=NULL;
            pre=sscNodeHead;
        }else
        {
            q=(studentScoreNode *)malloc(sizeof(studentScoreNode));
            pre->next=q;
            q->data=node;
            q->next=NULL;
            pre=q;
        }
        fread(&node,sizeof(StudentScore),1,fp);
    }
    fclose(fp);
}
void addStudentScore(StudentScore data)
{
    studentScoreNode *p,*q;
    p=sscNodeHead;
```

```
    while(p!=NULL&&p->next!=NULL)
    {
        q=p->next;
        p=q;
        q=q->next;
    }
    if(p!=NULL)
    {
        p->next=(studentScoreNode *)malloc(sizeof(studentScoreNode));
        p=p->next;
    }
    else
    {
        p=sscNodeHead=(studentScoreNode *)malloc(sizeof(studentScoreNode));
    }
    p->data=data;
    p->next=NULL;
}
void modifyStudentScore(studentScoreNode *p,char sno[],char cno[],StudentScore data)
{
    if(p==NULL){printf("\n 没有学生成绩信息，不能修改！\n");return;}
    while(p!=NULL)
    {
        if(strcmp(p->data.sno,sno)==0&&strcmp(p->data.cno,cno)==0)
            break;
        p=p->next;
    }
    if(p!=NULL)
        p->data=data;
}
void deleteStudentScore(studentScoreNode *Head,StudentScore data)
{
    studentScoreNode *pre=Head,*p;
    if(Head==NULL){printf("\n 没有学生成绩信息，不能删除！\n");return;}
    if(strcmp(Head->data.sno,data.sno)==0&&strcmp(Head->data.cno,data.cno)==0)
    {
        pre=Head->next;
        Head->data=Head->next->data;
        Head->next=Head->next->next;
        free(pre);
    }
    else
    {
        p=pre->next;
        while(p!=NULL)
        {
if(strcmp(pre->next->data.sno,data.sno)==0&&strcmp(pre->next->data.cno,data.cno)==0)
            {
                p=pre->next;
                pre->next=p->next;
                free(p);
                break;
            }
            pre=pre->next;
            p=pre->next;
```

```
        }
    }
}
void flushStudentScore()
{
    FILE *fp;
    studentScoreNode *pre;
    if((fp=fopen("StudentScorelst.a","w"))==0)
    {
        printf("\n 文件打不开, 不能保存学生成绩信息!");
        getch();
        return;
    }
    if(sscNodeHead==NULL){printf("\n 没有学生成绩信息, 不能保存! \n");return;}
    pre=sscNodeHead;
    while(pre!=NULL)
    {
        fwrite(&pre->data,sizeof(StudentScore),1,fp);
        pre=pre->next;
    }
    fclose(fp);
}
studentScoreNode* getStudentScorebystuid(studentScoreNode *Head,char sno[])
{
    studentScoreNode *tmps,*p;
    tmps=p=NULL;
    while(Head!=NULL&&strcmp(Head->data.sno,sno)!=0)
    {
                        if(tmps==NULL)
                        {tmps=(studentScoreNode *)malloc(sizeof(studentScoreNode));
                        tmps->data=Head->data;
                        tmps->next=NULL;
                        p=tmps;
                        }
                        else
                        {
                            p->next=(studentScoreNode *)malloc(sizeof(studentScoreNode));
                            p->next;
                            p->data=Head->data;
                            p->next=NULL;
                        }
        Head=Head->next;
    }
    return tmps;
}
studentScoreNode* getStudentScorebycnoid(studentScoreNode *Head,char sno[])
{
    studentScoreNode *tmps,*p;
    tmps=p=NULL;
    while(Head!=NULL&&strcmp(Head->data.cno,sno)!=0)
    {
                        if(tmps==NULL)
                        {tmps=(studentScoreNode *)malloc(sizeof(studentScoreNode));
                        tmps->data=Head->data;
                        tmps->next=NULL;
```

```
                                            p=tmps;
                                        }
                                        else
                                        {
                                            p->next=(studentScoreNode *)malloc(sizeof(studentScoreNode));
                                            p->next;
                                            p->data=Head->data;
                                            p->next=NULL;
                                        }
                    Head=Head->next;
            }
        return tmps;
    }
    void deletelink(studentScoreNode *p)
    {
    studentScoreNode *q;
    while(p!=NULL)
    {

                                        q=p->next;
                                        free(p);
                                        p=q;
    }
    }
    /**************************以下为对学生信息的管理*********************************/
    /*显示一条学生记录*/
    void listOne_std(Student s)
    {
        printf("\n该学生记录如下: ");
        printf("\n==================================================\n\n");
        printf("%-9s%-9s%-9s%-9s%-9s%-9s%-9s\n","学号","姓名","性别","出生年月","班级","用
    户名","密码");
        printf("%-9s%-9s%-9s%-9s%-9s%-9s%-9s\n\n",s.sno,s.name,s.sex,s.borth,s.grass,
    s.username,s.pass);
    }
    /*根据学号查询学生记录*/
    void find_std()
    {
        char sno[6];
        Student temp;

        printf("\t\t请输入学生学号: ");
        gets(sno);
        temp=getstudentbyid(stuNodeHead,sno);
        if (strcmp(temp.sno,"-1")!=0)
            listOne_std(temp);
        else
            printf("\n\t\t您所输入的学生学号有误或不存在! ");
        printf("\n\t\t按任意键返回主菜单......");
        getch();
    }
    /*添加学生记录*/
    void add_std()
```

```
{
    char sno[6];
    Student stu1,temp;
    loadstudentlink();
    printf("\t\t请输入学生学号: ");
    gets(sno);
    temp=getstudentbyid(stuNodeHead,sno);
    if (strcmp(temp.sno,"-1")==0)/*如果不存在该学生成绩记录, 则添加*/
    {
        strcpy(stu1.sno,sno);
        printf("\t\t请输入学生姓名: ");
        gets(stu1.name);
        printf("\t\t请输入该学生的性别:");
        gets(stu1.sex);
        printf("\t\t请输入该学生的出生年月:");
        gets(stu1.borth);
        printf("\t\t请输入该学生的班级:");
        gets(stu1.grass);
        printf("\t\t请输入该学生的用户名:");
        gets(stu1.username);
        printf("\t\t请输入该学生的密码:");
        gets(stu1.pass);
        addstudent(stu1);
        flushstudent();
    }
    else
        printf("\n\t\t您所输入的学生学号已存在! ");

    printf("\n\t\t按任意键返回主菜单......");
    getch();
}
/*修改学生记录*/
void modify_std()
{
    char sno[6];    /*接收学生学号字符数组*/
    //int i;
    Student stu1,temp;
    printf("\t\t请输入学生学号: ");
    gets(sno);
    temp=getstudentbyid(stuNodeHead,sno);
    if (strcmp(temp.sno,"-1")!=0)/*如果不存在该学生成绩记录, 则添加*/
    {
        listOne_std(temp);
        strcpy(stu1.sno,sno);
        printf("\t\t请输入学生姓名: ");
        gets(stu1.name);
        printf("\t\t请输入该学生的性别:");
        gets(stu1.sex);
        printf("\t\t请输入该学生的出生年月:");
        gets(stu1.borth);
        printf("\t\t请输入该学生的班级:");
```

```
            gets(stu1.grass);
            printf("\t\t 请输入该学生的用户名:");
            gets(stu1.username);
            printf("\t\t 请输入该学生的密码:");
            gets(stu1.pass);
            modifystudent(stuNodeHead,sno,stu1);
            flushstudent();
        }
        else
            printf("\n\t\t 您所输入的学生学号有误或不存在! ");
        printf("\n\t\t 按任意键返回主菜单......");
        getch();
    }
    /*删除学生成绩记录*/
    void del_std()
    {
        char sno[6];
        Student temp;

        printf("\t\t 请输入学生学号: ");
        gets(sno);
        temp=getstudentbyid(stuNodeHead,sno);
        if (strcmp(temp.sno,"-1")!=0)
        {
            deletestudent(stuNodeHead,temp);
            flushstudent();
        }
        else
            printf("\n\t\t 您所输入的学生学号有误或不存在! ");

        printf("\n\t\t 按任意键返回主菜单......");
        getch();
    }
    void list_std()
    {
        //Student stu1,temp;
        studentNode *pre;
        pre=stuNodeHead;
        printf("\n 所有学生记录如下: ");
        printf("\n====================================================\n\n");
        printf("%-9s%-9s%-9s%-9s%-9s%-9s%-9s\n","学号","姓名","性别","出生年月","班级","用
户名","密码");
        while(pre!=NULL)

    {printf("%-9s%-9s%-9s%-9s%-9s%-9s%-9s\n",pre->data.sno,pre->data.name,pre->data.
sex,pre->data.borth,pre->data.grass,pre->data.username,pre->data.pass);
        pre=pre->next;
        }
        printf("\n\t\t 按任意键返回主菜单......");
        getch();
    }
    /***********************以下为对教师信息的管理************************************/
```

```
/*显示一条教师记录*/
void listOne_tea(Teacher t)
{
    printf("\n该教师记录如下: ");
    printf("\n===========================================================\n\n");
    printf("%-9s%-9s%-9s%-9s%-9s%-9s%-9s%-9s\n","教师号","姓名","性别","出生年月","职称","简介","用户名","密码");

    printf("%-9s%-9s%-9s%-9s%-9s%-9s%-9s%-9s\n",t.tno,t.name,t.sex,t.borth,t.work,t.inf,t.username,t.pass);
}
/*根据工号查询教师记录*/
void find_tea()
{
    char tno[6];
    Teacher temp;
    printf("\t\t请输入教师教教工号: ");
    gets(tno);
    temp=getteacherbyid(teaNodeHead,tno);
    if (strcmp(temp.tno,"-1")!=0)
        listOne_tea(temp);
    else
        printf("\n\t\t您所输入的教师教教工号有误或不存在! ");
    printf("\n\t\t按任意键返回主菜单......");
    getch();
}
/*添加教师记录*/
void add_tea()
{
    char tno[6];
    Teacher temp;
    printf("\t\t请输入教师教工: ");
    gets(tno);
    temp=getteacherbyid(teaNodeHead,tno);
    if (strcmp(temp.tno,"-1")==0)
    {
        strcpy(temp.tno,tno);
        printf("\t\t请输入教师姓名: ");
        gets(temp.name);
        printf("\t\t请输入该教师的性别:");
        gets(temp.sex);
        printf("\t\t请输入该教师的出生年月:");
        gets(temp.borth);
        printf("\t\t请输入该教师的职称:");
        gets(temp.work);
        printf("\t\t请输入该教师的简介:");
        gets(temp.inf);
        printf("\t\t请输入该教师的用户名:");
        gets(temp.username);
        printf("\t\t请输入该教师的密码:");
        gets(temp.pass);
```

```
            addteacher(temp);
            flushteacher();
        }
        else
            printf("\n\t\t 您所输入的教师已存在! ");
        printf("\n\t\t 按任意键返回主菜单......");
        getch();
    }
    /*修改教师记录*/
    void modify_tea()
    {
        char tno[6];
        Teacher temp;
        printf("\t\t 请输入教师教工号: ");
        gets(tno);
        temp=getteacherbyid(teaNodeHead,tno);
        if (strcmp(temp.tno,"-1")!=0)
        {
            listOne_tea(temp);
            printf("\t\t 请输入教师姓名: ");
            gets(temp.name);
            printf("\t\t 请输入该教师的性别:");
            gets(temp.sex);
            printf("\t\t 请输入该教师的出生年月:");
            gets(temp.borth);
            printf("\t\t 请输入该教师的职称:");
            gets(temp.work);
            printf("\t\t 请输入该教师的简介:");
            gets(temp.inf);
            printf("\t\t 请输入该教师的用户名:");
            gets(temp.username);
            printf("\t\t 请输入该教师的密码:");
            gets(temp.pass);
            modifyteacher(teaNodeHead,tno,temp);
            flushteacher();
        }
        else
            printf("\n\t\t 您所输入的教师功号有误或不存在! ");
        printf("\n\t\t 按任意键返回主菜单......");
        getch();
    }
    /*删除教师记录*/
    void del_tea()
    {
        char tno[6];   /*接收教师教工号字符数组*/
        Teacher temp;
        printf("\t\t 请输入教师教工号: ");
        gets(tno);
        temp=getteacherbyid(teaNodeHead,tno);
        if(strcmp(temp.tno,"-1")!=0)
        {
```

```
            deleteteacher(teaNodeHead,temp);
            flushteacher();
            printf("\n\t\t 删除成功！");
        }
        else
            printf("\n\t\t 您所输入的教师教工号有误或不存在！");
        printf("\n\t\t 按任意键返回主菜单......");
        getch();
    }
    void list_tea()
    {
        teanode *pre;
        pre=teaNodeHead;
        printf("\n 所有教师记录如下：");
        printf("\n===================================================\n\n");
        printf("%-9s%-9s%-9s%-9s%-9s%-9s%-9s%-9s\n","教师号","姓名","性别","出生年月","职称","简介","用户名","密码");
        while(pre!=NULL)
        {
                            Teacher tea=pre->data;
                        printf("%-9s%-9s%-9s%-9s%-9s%-9s%-9s%-9s\n",tea.tno,tea.name,
tea.sex,tea.borth,tea.work,tea.inf,tea.username,tea.pass);
                            pre=pre->next;
        }
        printf("\n\t\t 按任意键返回主菜单......");
        getch();
    }
    /************************以下为对课程信息的管理************************************/
    /*显示一条课程记录*/
    void listOne_cou(Course c)
    {
        printf("\n 该课程记录如下：");
        printf("\n===================================================\n\n");
        printf("%-9s%-9s%-9s%-9s%-9s%-9s%-9s%-9s%-9s\n","课程号","课程名","上课学期","上课教师","上课地点","学时分布","课程简介","学分","考试方式");

        printf("%-9s%-9s%-9s%-9s%-9s%-9s%-9s%-9s%-9s\n",c.cno,c.name,c.time,c.teacher,
c.address,c.texttime,c.inf,c.score,c.found);
    }
    /*根据学号查询课程记录*/
    void find_cou()
    {
        char cno[6];
        Course temp;
        printf("\t\t 请输入课程的课程号：");
        gets(cno);
        temp=getCoursebyid(couNodeHead,cno);
        if (strcmp(temp.cno,"-1")==0)
            listOne_cou(temp);
        else
            printf("\n\t\t 您所输入的教师教教工号有误或不存在！");
        printf("\n\t\t 按任意键返回主菜单......");
```

```
        getch();
    }
    /*添加课程记录*/
    void add_cou()
    {
        char cno[6];
        Course temp;
        printf("\t\t请输入课程的课程号：");
        gets(cno);
        temp=getCoursebyid(couNodeHead,cno);
        if (strcmp(temp.cno,"-1")==0)/*如果不存在该课程记录，则添加*/
        {
            strcpy(temp.cno,cno);
            printf("\t\t请输入课程名：");
            gets(temp.name);
            printf("\t\t请输入该课程的上课学期:");
            gets(temp.time);
            printf("\t\t请输入该课程的授课教师:");
            gets(temp.teacher);
            printf("\t\t请输入该课程的上课地点:");
            gets(temp.address);
            printf("\t\t请输入该课程的学时分布:");
            gets(temp.texttime);
            printf("\t\t请输入该课程的课程简介:");
            gets(temp.inf);
            printf("\t\t请输入该课程的学分:");
            gets(temp.score);
            printf("\t\t请输入课程的考试方式:");
            gets(temp.found);
            addCourse(couNodeHead,temp);
            flushCourse();
        }
        else
            printf("\n\t\t您所输入的课程已存在！");
        printf("\n\t\t按任意键返回主菜单......");
        getch();
    }
    /*修改课程记录*/
    void modify_cou()
    {
        char cno[6];   /*接收教师教工号字符数组*/
        Course temp;
        printf("\t\t请输入课程的课程号：");
        gets(cno);
        temp=getCoursebyid(couNodeHead,cno);
        if (strcmp(temp.cno,"-1")!=0)  /*如果该教师存在则显示课程记录并录入新的课程记录*/
        {
            listOne_cou(temp);
            printf("\t\t请输入课程名：");
            gets(temp.name);
            printf("\t\t请输入该课程的上课学期:");
```

```
        gets(temp.time);
        printf("\t\t 请输入该课程的授课教师:");
        gets(temp.teacher);
        printf("\t\t 请输入该课程的上课地点:");
        gets(temp.address);
        printf("\t\t 请输入该课程的学时分布:");
        gets(temp.texttime);
        printf("\t\t 请输入该课程的课程简介:");
        gets(temp.inf);
        printf("\t\t 请输入该课程的学分:");
        gets(temp.score);
        printf("\t\t 请输入课程的考试方式:");
        gets(temp.found);
        modifyCourse(couNodeHead,cno,temp);
        flushCourse();
    }
    else
        printf("\n\t\t 您所输入的课程号有误或不存在! ");
    printf("\n\t\t 按任意键返回主菜单......");
    getch();
}
/*删除课程记录*/
void del_cou()
{
    char cno[6];   /*接收课程号字符数组*/
    Course temp;
    printf("\t\t 请输入课程的课程号: ");
    gets(cno);
    temp=getCoursebyid(couNodeHead,cno);
    if (strcmp(temp.cno,"-1")!=0)  /*如果该课程存在则删除*/
    {
        deleteCourse(couNodeHead,temp);
        flushCourse();
        printf("\n\t\t 删除成功! ");
    }
    else
        printf("\n\t\t 您所输入的课程号有误或不存在! ");
    printf("\n\t\t 按任意键返回主菜单......");
    getch();
}
void list_cou()
{
    counode *pre=couNodeHead;
    printf("\n 所有课程记录如下: ");
    printf("\n====================================================\n\n");
    printf("%-9s%-9s%-9s%-9s%-9s%-9s%-9s%-9s%-9s\n","课程号","课程名","上课学期","上课
教师","上课地点","学时分布","课程简介","学分","考试方式");
    while(pre!=NULL)
    {
        Course cou=pre->data;
```

```
printf("%-9s%-9s%-9s%-9s%-9s%-9s%-9s%-9s%-9s\n",cou.cno,cou.name,cou.time,
cou.teacher,cou.address,cou.texttime,cou.inf,cou.score,cou.found);
                pre=pre->next;
        }
        printf("\n\t\t 按任意键返回主菜单......");
        getch();
}
```

```
/************************以下为对学生分数的管理********************************/
/*显示一条学生记录*/
void listOne(StudentScore s)
{
    printf("\n 该学生成绩记录如下: ");
    printf("\n====================================================\n\n");
    printf("%-8s%-10s%-7s%-7s\n","学号","姓名","课程","成绩");
```

```
printf("%-8s%-10s%-7sf%-7.1f\n",s.sno,getstudentbyid(stuNodeHead,s.sno).name,
getCoursebyid(couNodeHead,s.cno).name,s.score);
}
/*根据学号查询学生成绩记录*/
void find()
{
    StudentScore tmp;
    ssunode *pre;
    printf("\t\t 请输入学生学号: ");
    gets(tmp.sno);
                        printf("\t\t 请输入课程号: ");
                        gets(tmp.cno);
                        pre=getStudentScorebycnoid(getStudentScorebystuid(sscNodeHead,
tmp.sno),tmp.cno);
                        if(pre!=NULL)
                        {
        listOne(pre->data);
    }
    else
        printf("\n\t\t 您所输入的学生学号和所选的课号有误或不存在! ");
    printf("\n\t\t 按任意键返回主菜单......");
    getch();
}
/*添加学生成绩记录*/
void add()
{
                        StudentScore tmp;

    printf("\t\t 请输入学生学号: ");
    gets(tmp.sno);
                        printf("\t\t 请输入课程号: ");
                        gets(tmp.cno);
                        if(getStudentScorebycnoid(getStudentScorebystuid
(sscNodeHead,tmp.sno),tmp.cno)==NULL)
                        {
                         printf("\t\t 请输入分数: ");
                         scanf("%f",&tmp.score);
```

```
                                addStudentScore(tmp);
                                flushStudentScore();
                            }else
                                printf("\t\t 该学生选修的课程的分数存在，不能添加！\n");


        printf("\n\t\t 按任意键返回主菜单......");
        getch();


    }
    /*修改学生成绩记录*/
    void modify()
    {
        StudentScore tmp;
        printf("\t\t 请输入学生学号：");
        gets(tmp.sno);
                                printf("\t\t 请输入课程号：");
                                gets(tmp.cno);
                                studentScoreNode
*p=getStudentScorebystuid(sscNodeHead,tmp.sno);
                                studentScoreNode *q;
                                if(p!=NULL)
                                {q=getStudentScorebycnoid(p,tmp.cno);
                                if(getStudentScorebycnoid(getStudentScorebystuid
(sscNodeHead,tmp.sno),tmp.cno)!=NULL)
        {
                                printf("\t\t 请输入分数：");
                                scanf("%f",&tmp.score);
                                modifyStudentScore(sscNodeHead,tmp.sno,tmp.cno,tmp);
                                flushStudentScore();
                                }
                                }
                                deletelink(p);
                                deletelink(q);
        printf("\n\t\t 按任意键返回主菜单......");
        getch();
    }
    /*删除学生成绩记录*/
    void del()
    {


                                StudentScore tmp;
        printf("\t\t 请输入学生学号：");
        gets(tmp.sno);
                                printf("\t\t 请输入课程号：");
                                gets(tmp.cno);
if(getStudentScorebycnoid(getStudentScorebystuid(sscNodeHead,tmp.sno),tmp.cno)! =NULL)
{
                                deleteStudentScore(sscNodeHead,tmp);
                                flushStudentScore();
        printf("\n\t\t 删除成功！");
    }
        else
        printf("\n\t\t 您所输入的学生学号和选修的课号有误或不存在！");
```

```
            printf("\n\t\t 按任意键返回主菜单......");
            getch();
        }
        void list()
        {
            ssunode *p;
            p=sscNodeHead;
            printf("\n 所有学生成绩记录如下：");
            printf("\n====================================================\n\n");
            printf("%-8s%-10s%-7s%-7s\n","学号","姓名","课程","成绩");
                            while(p!=NULL)
                            {
printf("%-8s%-10s%-7sf%-7.1f\n",p->data.sno,getstudentbyid(stuNodeHead,
p->data.sno).name,getCoursebyid(couNodeHead,p->data.cno).name,p->data.score);
            p=p->next;
                            }
            printf("\n\t\t 按任意键返回主菜单......");
            getch();
        }
        void list_grad()
        {
                            ssunode *p;
            p=sscNodeHead;
            printf("\n 所有学生成绩记录按评级输出如下：");
            printf("\n====================================================\n\n");
            printf("%-8s%-10s%-7s%-7s%-7s\n","学号","姓名","课程","成绩","综合");
                            while(p!=NULL)
                            {
                                if(p->data.score<60)
printf("%-8s%-10s%-7sf%-7.1f%-7s\n",p->data.sno,getstudentbyid(stuNodeHead,p->
data.sno).name,getCoursebyid(couNodeHead,p->data.cno).name,p->data.score,"不及格");
                                if(p->data.score>=60&&p->data.score<70)
printf("%-8s%-10s%-7sf%-7.1f%-7s\n",p->data.sno,getstudentbyid(stuNodeHead,p->
data.sno).name,getCoursebyid(couNodeHead,p->data.cno).name,p->data.score,"及格");
                                if(p->data.score>=70&&p->data.score<80)
printf("%-8s%-10s%-7sf%-7.1f%-7s\n",p->data.sno,getstudentbyid(stuNodeHead,p->
data.sno).name,getCoursebyid(couNodeHead,p->data.cno).name,p->data.score,"中等");
                                if(p->data.score>=80&&p->data.score<90)
printf("%-8s%-10s%-7sf%-7.1f%-7s\n",p->data.sno,getstudentbyid(stuNodeHead,p->
data.sno).name,getCoursebyid(couNodeHead,p->data.cno).name,p->data.score,"良好");
                                if(p->data.score>=90&&p->data.score<=100)
printf("%-8s%-10s%-7sf%-7.1f%-7s\n",p->data.sno,getstudentbyid(stuNodeHead,p->
data.sno).name,getCoursebyid(couNodeHead,p->data.cno).name,p->data.score,"优秀");
            p=p->next;
                            }
            printf("\n\t\t 按任意键返回主菜单......");
            getch();
        }
        StudentScore max(studentScoreNode *p)
        {
                            StudentScore max;
                            if(p!=NULL)
```

```
                                 max=p->data;
                                 else
                                  max.score=-1;
                                 while(p!=NULL)
                                 {if(p->data.score>max.score)max=p->data;
                                 p=p->next;
                                 }
                                 return max;

        }
        StudentScore min(studentScoreNode *p)
        {
                                 StudentScore min;
                                 if(p!=NULL)
                                  min=p->data;
                                 else
                                  min.score=-1;
                                 while(p!=NULL)
                                 {if(p->data.score<min.score)min=p->data;
                                 p=p->next;
                                 }
                                 return min;

        }
        float avg(studentScoreNode *p)
        {
                                 float sum=0;
                                 int j=0;
                                 while(p!=NULL)
                                 {
                                  sum+=p->data.score;
                                  j++;
                                  p=p->next;
                                 }
                                 if(j>0)
                                  return sum/j;
                                 return sum;

        }
        void list_calssify()//显示统计
        {
                                 counode *p=couNodeHead;
            printf("\n 所有课程统计记录如下: ");
            printf("\n=====================================================\n\n");
            printf("%-8s%-10s%-7s%-7s\n","课程名","最高分","最低分","平均分");
                                 while(p!=NULL)
                                 {
                                  studentScoreNode *tmp;
                                  tmp=getStudentScorebycnoid(sscNodeHead,p->data.cno);
                                  if(tmp!=NULL)
                                  {
                                 printf("%-8s%-10s%-7s%-7s\n",p->data.name,max(tmp),
        min(tmp),avg(tmp));
                                         deletelink(tmp);
                                  }
                                  p=p->next;
                                 }
```

```
        printf("\n\t\t 按任意键返回主菜单......");
        getch();
}
void mysort(studentScoreNode **p,int flag)
{
                        studentScoreNode *q,*pre;
                        int n=1,frist=1;
                        pre=q=*p;
                        if(q->next==NULL)return;
                        while(n>0)
                        {
                         pre=*p;
                         while(pre->next!=NULL&&n>0)
                         {
                                if(flag==1)
                                {
                                    if(pre->data.score>pre->next->data.score)
                                    {
                                        q=pre->next->next;
                                        pre->next->next=pre;
                                        pre->next=q;
                                        if(frist==1)
                                        {n++;
                                        frist=0;
                                        }
                                    }
                                }
                                else
                                {
                                    if(pre->data.score<pre->next->data.score)
                                    {
                                        q=pre->next->next;
                                        pre->next->next=pre;
                                        pre->next=q;
                                        if(frist==1)
                                        {n++;
                                        frist=0;
                                        }
                                    }
                                }
                         }
                         n=n-1;

                        }
}
void resort_up(int flag)//升序
{
    counode *p=couNodeHead;
    printf("\n 所有学生成绩升序排列如下: ");
    printf("\n===================================================\n\n");
                        printf("%-8s%-10s%-7s%-7s\n","学号","姓名","课程","成绩");
                        while(p!=NULL)
                        {
                         studentScoreNode *tmp,*pre;
```

```
                        tmp=getStudentScorebycnoid(sscNodeHead,p->data.cno);
                        mysort(&tmp,flag);
                        pre=tmp;
                        while(pre!=NULL)
                        {
                        printf("%-8s%-10s%-7sf%-7.1f\n",pre->data.sno,
getstudentbyid(stuNodeHead,pre->data.sno).name,getCoursebyid(couNodeHead,pre->data.cno
).name,pre->data.score);
            pre=pre->next;

                        }
                        p=p->next;
                        deletelink(tmp);
                        }
                        printf("\n\t\t 按任意键返回主菜单......");

        getch();
    }
```

[1]　段善荣，厉阳春. C 语言程序设计教程[M]. 武汉：华中科技大学出版社，2010.

[2]　王电化，朱剑林. C 语言程序设计习题与实验指导. 武汉：华中科技大学出版社，2010.

[3]　（美）Bruce Eckel.Thinking in C++. England：Prentice Hall,Inc,1995.

[4]　（美）Richard C.Leinecker Tom Archer 著. Visual C++ 6 宝典[M]. 张艳，张谦，尹岩青，等译. 北京：电子工业出版社，1999.

[5]　（美）Nell Dale.A Laboratory Course In C++[M]. 北京：北京大学出版社，1999.

[6]　教育部考试中心. 全国计算机等级考试二级教程—C 语言程序设计[M]. 2009 年版. 北京：高等教育出版社，2008.